国家中等职业教育改革发展示范学校建设教材

应 用 数 学

主编　冯耀川

主审　徐福成

U0287040

西南交通大学出版社

·成 都·

图书在版编目（ＣＩＰ）数据

应用数学 / 冯耀川主编. —成都：西南交通大学
出版社，2014.9
　国家中等职业教育改革发展示范学校建设教材
　ISBN 978-7-5643-3447-5

　Ⅰ. ①应… Ⅱ. ①冯… Ⅲ. ①应用数学－中等专业学
校－教材 Ⅳ. ①O29

中国版本图书馆 CIP 数据核字（2014）第 209525 号

国家中等职业教育改革发展示范学校建设教材

应 用 数 学

主编　冯耀川

责 任 编 辑	张宝华
助 理 编 辑	罗在伟
特 邀 编 辑	李　伟
封 面 设 计	墨创文化
出 版 发 行	西南交通大学出版社 （四川省成都市金牛区交大路 146 号）
发 行 部 电 话	028-87600564　87600533
邮 政 编 码	610031
网　　　　址	http://www.xnjdcbs.com
印　　　　刷	四川森林印务有限责任公司
成 品 尺 寸	185 mm × 260 mm
印　　　　张	14.5
字　　　　数	359 千字
版　　　　次	2014 年 9 月第 1 版
印　　　　次	2014 年 9 月第 1 次
书　　　　号	ISBN 978-7-5643-3447-5
定　　　　价	31.80 元

课件咨询电话：028-87600533

图书如有印装质量问题　本社负责退换
版权所有　盗版必究　举报电话：028-87600562

前　言

根据我国大力发展职业教育的要求，教材建设必须紧跟职业教育的发展步伐，必须适应职业教育的发展需要，建立服务于职业群集型的课程教学模式．根据职业教育特点及新的大纲要求，重新编写一本更适合相关专业学生使用的教材尤为必要．基于学生实际和专业课对数学的要求，我们组织资深数学教师，编写了《应用数学》这本教材．本教材着重培养学生的应用意识，强化专业课的服务性，增强数学的应用性，强化学生的计算能力，并注重学生未来发展的需要．

本教材按模块化编写，每一个数学知识模型相对独立，教材内容编排富有弹性．在编写每一模块时，起点都尽可能地低，尽量做到以基本运算为基础．学生只需具备基本的数学运算能力，就可以开始学习这一模块的知识．本书具有如下特点：

（1）教材内容体现专业课对数学的要求，使学生具备从事土建类工作必需的应用数学基础知识，本教材难度适用于中职学生．

（2）突出应用与实践，培养学生的数学应用意识和能力．

（3）强化计算器及 Excel 在专业课程中的计算应用，培养学生的计算能力．

本书由冯耀川任主编、徐福成任主审．其中，第 1 章、第 2 章由黄苏华编写，第 3 章、第 5 章由冯耀川编写，第 4 章、第 8 章由徐福成编写，第 6 章、第 7 章由龙薇编写．全书由冯耀川统稿．

本书作为初中起点学生进校后第二学期数学学习用书，亦可作为中职学生数学学习参考书．

书中的例题及习题部分源自有关教材及参考书，特向原编者致谢．

在本书编写过程中，得到许多老师的大力支持和帮助，在此表示衷心感谢！

由于编者水平有限，书中难免存在不妥之处，欢迎读者批评指正．

编　者

2014 年 4 月

目　　录

1 概率初步

　　银行卡的用户密码一般由 6 位数字组成，取款时需要输入正确的密码. 如果连续 3 次密码输入错误，则银行就不再提供取款服务. 如果你忘记了银行卡的密码，需要随机输入 1 个 6 位数字，试问你在 3 次之内输对密码的可能性有多大？学习本章内容可以帮助你解答这类问题.

　　本章将学习随机事件、随机事件的概率以及随机变量的基础知识.

1.1 随机事件

1.1.1 随机事件

1. 随机现象

例 1 观察表 1.1 中描述的现象:

表 1.1

序号	条　　件	结　　果
1	导体通电	导体发热
2	标准大气压下,纯水加热到 100 °C	水沸腾
3	向上抛 1 枚硬币	落地后正面向上或反面向上
4	某人买 1 张彩票	中奖或不中奖

上述例子中描述的现象可分为两类:一类是在一定的条件下必然会发生某一结果的现象(如前两个例子),称为**确定性现象**;另一类是在一定的条件下具有多种可能的结果,究竟发生哪一种结果事先不能肯定的现象(如后两个例子),称为**随机现象**.

2. 随机事件

我们把对随机现象的观察称为**随机试验**,简称试验. 随机试验的每一种可能的结果称为**随机事件**,简称事件.

例 2 下面来看几个随机试验的例子:

(1)掷 1 枚硬币,观察正面、反面出现的情况;

(2)掷 1 颗骰子,观察出现的点数;

(3)某人进行 1 次射击,观察命中的环数.

在例 2(1)中,每掷 1 枚硬币是一次试验."正面向上"是 1 个事件,"反面向上"也是 1 个事件.

在例 2(2)中,每掷 1 颗骰子是 1 次试验."出 1 点"、"出 2 点"、……、"出 6 点"都是事件. 此外,"至少出 5 点"也是事件,该事件可分解为"出 5 点"与"出 6 点"这两个事件.

在随机试验中,不能分解的事件称为**基本事件**. 在例 2(2)中,"出 1 点"、"出 2 点"、……、"出 6 点"都是基本事件，而"至少出 5 点"则不是基本事件.

每次试验中必然发生的事件称为**必然事件**，记为 Ω．每次试验中不可能发生的事件称为**不可能事件**，记为 $\varnothing$．在例 2（2）中，掷 1 颗骰子，"出现的点数不超过 6"是必然事件，"出现的点数超过 6"是不可能事件.

课堂练习 1.1.1

试说出例 2（3）所描述的随机试验中的随机事件、必然事件和不可能事件.

1.1.2 事件的和与事件的积

1. 和事件

"事件 A 与事件 B 至少有一个发生"称为事件 A 与事件 B 的**和事件**，记为 $A+B$（或 $A\cup B$）.

例如，将 1 枚硬币掷两次，设 A 为"第 1 次出正面"，B 为"第 2 次出正面"，则 $A+B$ 表示"至少有 1 次出正面"这个事件.

和事件的概念可以推广到 n 个事件的情形：

"n 个事件 A_1，A_2，…，A_n 至少有一个发生"称为这 n 个事件的**和事件**，记为 $A_1+A_2+\cdots+A_n$（或 $A_1\cup A_2\cup\cdots\cup A_n$）.

2. 积事件

"事件 A 与事件 B 同时发生"称为事件 A 与事件 B 的**积事件**，记为 $A\cdot B$（或 $A\cap B$）.

例如，将 1 枚硬币掷两次，设 A 为"第 1 次出正面"，B 为"第 2 次出正面"，则 $A\cdot B$ 表示"两次都出正面"这个事件.

积事件的概念可以推广到 n 个事件的情形：

"n 个事件 A_1，A_2，…，A_n 同时发生"称为这 n 个事件的**积事件**，记为 $A_1\cdot A_2\cdot\cdots\cdot A_n$（或 $A_1\cap A_2\cap\cdots\cap A_n$）.

例3 一批饮料中有 5 瓶已过保质期，甲、乙、丙 3 人分别从中任取 1 瓶，设 A 为"甲取到过期饮料"，B 为"乙取到过期饮料"，C 为"丙取到过期饮料"，试说明 $A+B+C$ 与 $A\cdot B\cdot C$ 分别表示什么事件？

解 （1）由于 $A+B+C$ 表示事件 A、B、C 至少有 1 个发生，所以 $A+B+C$ 表示"甲、乙、丙 3 人中至少有 1 人取到过期饮料"这个事件.

（2）由于 $A \cdot B \cdot C$ 表示事件 A、B、C 同时发生，所以 $A \cdot B \cdot C$ 表示"甲、乙、丙 3 人都取到过期饮料"这个事件.

课堂练习 1.1.2

1. 甲、乙两位同学参加同一科目的测试，设 A 表示"甲测试成绩合格"，B 表示"乙测试成绩合格"，指出该试验中 $A+B$ 与 $A \cdot B$ 分别表示什么事件？

2. 一批产品中有正品也有次品，从中抽取 3 次，每次任取 1 件，设 A 表示"第 1 次取到正品"，B 表示"第 2 次取到正品"，C 表示"第 3 次取到正品"， 指出该试验中 $A+B+C$ 与 $A \cdot B \cdot C$ 分别表示什么事件？

习题 1.1

1. 试列举一些随机现象的例子.

2. 下列事件中哪些是必然事件？哪些是不可能事件？哪些是随机事件？

（1）掷 1 颗骰子，出现的点数超过 6；

（2）掷 1 颗骰子，出现的点数是 6；

（3）掷 1 颗骰子，出现的点数不超过 6；

（4）从 54 张扑克牌中任取 1 张，取到红桃 K；

（5）某学生的手机在某个时段内收到 3 条短信；

（6）甲、乙两人下一盘中国象棋，甲获胜.

3. 甲、乙两人同时参加某单位的招聘面试，设 A 表示"甲被录取"，B 表示"乙被录取"，试说明 $A \cdot B$ 和 $A+B$ 分别表示什么事件？

4. 掷甲、乙两颗骰子，设 A 表示"甲出 3 点"，B 表示"乙出 5 点"，试说明 $A \cdot B$ 和 $A+B$ 分别表示什么事件？

5. 某班级选举班委成员，设 A 表示"没有女生当选"，

B 表示"有 1 名女生当选"，C 表示"有 2 名女生当选"，试说明 $A \cup B$ 和 $A+B+C$ 分别表示什么事件？

6. 某人向同一目标射击 3 次，设 A 表示"第 1 次击中目标"，B 表示"第 2 次击中目标"，C 表示"第 3 次击中目标"，试用 A、B、C 的和与积表示下列事件：

（1）3 次都击中目标；

（2）至少有 1 次击中目标；

（3）至少有 2 次击中目标.

1.2 事件的概率

1.2.1 事件的频率

在一次试验中，一个随机事件是否发生是不确定的，但是在大量重复试验的情况下，它的发生却是有规律的. 为了找到某事件 A 发生的规律性，需要在 n 次重复试验中统计出事件 A 发生的次数 m，并计算 m 与试验总次数 n 的比值. 这个比值 $\dfrac{m}{n}$ 称为事件 A 发生的**频率**.

例 1 历史上曾有人做过抛硬币的重复试验，结果如表1.2 所示.

表 1.2

抛掷次数 n	出正面的次数 m	出正面的频率 m/n
2 048	1 061	0.518 1
4 040	2 048	0.506 9
12 000	6 019	0.501 6
24 000	12 012	0.500 5
30 000	14 984	0.499 5
72 088	36 124	0.501 1

从上面的试验记录可以看到，在每一组重复试验中，"出正面"的频率有波动. 但在大量次数的重复试验中，"出正面"的频率稳定在一个确定的数值0.5 附近，而且随着试验重复次数的增加，这种稳定在一个数值附近的趋势越来越显著. 通常把这一规律说成频率具有稳定性.

课堂练习 **1.2.1**

抽查 500 个产品发现有 6 个次品，求该试验中出次品的频率.

1.2.2　事件的概率

一般地，如果事件 A 发生的频率 $\dfrac{m}{n}$ 在某个常数附近摆动，且 n 越大，$\dfrac{m}{n}$ 越接近这个常数，则称这个常数为事件 A 发生的**概率**，记作 $P(A)$.

例如，在例 1 所述抛硬币的试验中，"出正面"的概率为 0.5.

课堂练习 1.2.2

　√　根据表 1.2 给出的数据，试分析"出反面"的概率.

例 2　某射手在同一条件下进行射击，结果如表 1.3 所示.

表 1.3

射击次数	5	10	25	50	100
击中靶心次数	4	9	22	46	89

（1）求击中靶心的频率；

（2）估计击中靶心的概率.

解　（1）设 A 表示"击中靶心"这个事件，根据表 1.3 提供的数据，可以计算出 A 发生的频率依次为：0.80，0.90，0.88，0.92，0.89.

（2）在实际应用中，常取频率的平均值作为概率的近似值. 则

$$P(A) \approx \frac{0.80 + 0.90 + 0.88 + 0.92 + 0.89}{5} = 0.878$$

概率从数量上反映了一个事件发生的可能性的大小. 由于 $0 \leqslant \dfrac{m}{n} \leqslant 1$，可知 $0 \leqslant P(A) \leqslant 1$. 显然，必然事件的概率是 1，不可能事件的概率是 0.

习题 1.2

1. 对某医院连续 6 年出生的婴儿进行调查，结果如表 1.4 所示，求解下列问题（保留 3 位小数）：

（1）6 年来男婴、女婴出生的频率；

（2）估算男婴、女婴出生的概率.

表 1.4

年　份	新生儿总数	性别分类	
		男 婴	女 婴
第 1 年	3 670	1 883	1 787
第 2 年	4 250	2 177	2 073
第 3 年	4 055	2 138	1 917
第 4 年	5 844	2 955	2 889
第 5 年	6 344	3 271	3 073
第 6 年	7 231	3 722	3 509

2. 对某厂生产的一批网球进行抽查，结果如表 1.5 所示，求解下列问题（保留 3 位小数）：

（1）抽到优等品的频率；

（2）估算抽到优等品的概率.

表 1.5

抽取球数 n	100	200	500	1 000	2 000	3 000
优等品数 m	91	195	469	957	1 903	2 848

1.3 等可能事件的概率

由上一节内容可知，通过事件的频率来求事件的概率，需要进行大量的重复试验. 而有一类随机事件则不需要进行大量的重复试验，可以直接计算其概率的值.

1.3.1 等可能事件

如果试验的每一个基本事件出现的可能性是相同的，则称这样的事件为**等可能事件**.

例如，在掷 1 枚硬币的试验中，有两个基本事件："正面向上"、"反面向上". 如果硬币是均匀的，那么"正面向上"与"反面向上"出现的可能性是相同的，都为 $\frac{1}{2}$.

又如，在掷 1 颗骰子的试验中，有 6 个基本事件："出 1 点"、"出 2 点"、……、"出 6 点". 如果骰子是均匀的，那么"出 1 点"、"出 2 点"、……、"出 6 点"出现的可能性是相同的，都为 $\frac{1}{6}$.

课堂练习 1.3.1

判断下列试验中的基本事件是否是等可能事件：

（1）从 1，2，3，4，5，6，7，8，9 九个数中任取一个数，观察抽到的数字；

（2）某人进行 1 次射击，观察命中的环数.

1.3.2 等可能事件的概率

一般地，如果试验中的基本事件共有 n 个，且每个基本事件的出现是等可能的，则每个基本事件出现的概率都为 $\frac{1}{n}$. 若随机事件 A 包含了 m 个基本事件，则事件 A 发生的概率为

$$P(A) = \frac{\text{事件} A \text{包含的基本事件个数}}{\text{基本事件总数}} = \frac{m}{n} \qquad (1.1)$$

例 1 先后掷 2 枚均匀的硬币, 计算下列事件的概率:

（1）A："都出正面"；

（2）B："一正一反"；

（3）C："至少 1 次出反面".

解 该试验共有 4 个不同的结果: {正正、正反、反正、反反}, 每一个结果对应 1 个基本事件. 因此, 基本事件共有 $n = 4$ 个, 且每一个结果的出现是等可能的.

（1）事件 A 含有 1 个基本事件, 则 $P(A) = \frac{1}{4}$；

（2）事件 B 含有 2 个基本事件, 则 $P(B) = \frac{2}{4} = \frac{1}{2}$；

（3）事件 C 含有 3 个基本事件, 则 $P(C) = \frac{3}{4}$.

课堂练习 1.3.2

在例 1 所描述的随机试验中, 有人说: 一共可能出现"都出正面"、"都出反面"、"一正一反"这 3 种结果, 因此, 出现"一正一反"的概率是 $\frac{1}{3}$. 这种说法是否正确?

例 2 在 100 件产品中有 4 件次品, 从中任取 3 件, 求下列事件的概率:

（1）A："全是正品"；

（2）B："恰有 1 件次品"；

（3）C："至少有 1 件次品"；

（4）D："全是次品".

解 从 100 件产品中任取 3 件, 共有 C_{100}^3 种不同的取法, 每种取法对应 1 个基本事件, 即基本事件共有 $n = C_{100}^3$ 个. 由于是任意抽取, 任一种取法的出现是等可能的.

（1）"全是正品"的取法有 $m_A = C_{96}^3$ 种, 则

$$P(A) = \frac{C_{96}^3}{C_{100}^3} \approx 0.883\,6$$

（2）"恰有 1 件次品"的取法有 $m_B = C_4^1 \cdot C_{96}^2$ 种, 则

$$P(B) = \frac{C_4^1 \cdot C_{96}^2}{C_{100}^3} \approx 0.112\ 8$$

（3）"至少有 1 件次品"的取法有 $m_C = C_4^1 \cdot C_{96}^2 + C_4^2 \cdot C_{96}^1 + C_4^3$ 或 $m_C = C_{100}^3 - C_{96}^3$ 种，则

$$P(C) = \frac{C_4^1 \cdot C_{96}^2 + C_4^2 \cdot C_{96}^1 + C_4^3}{C_{100}^3} = \frac{C_{100}^3 - C_{96}^3}{C_{100}^3} \approx 0.116\ 4$$

（4）"全是次品"的取法有 $m_D = C_4^3$ 种，则

$$P(D) = \frac{C_4^3}{C_{100}^3} \approx 0.000\ 02$$

这里，0.000 02 是个很小的数，这说明在该试验中全抽到次品几乎是不可能的．我们把概率很小的事件称为**小概率事件**．人们在长期实践中认识到，概率很小的事件在一次试验中实际上是不会发生的，则称它为小概率事件的实际不可能原理．

例 3 银行卡的用户密码一般由 6 位 0~9 的数字组成．如果银行卡被他人窃取后，窃取者在不知道密码的情况下随意输入 6 个数字，求一次就输对密码的概率．

解 由 0~9 组成的 6 位数字共有 10^6 个．由于是随机输入 6 个数字，任一组 6 位数字的出现是等可能的．其中，正确的密码只有 1 个，因此，一次就输对密码的概率是 $\frac{1}{10^6}$，这是 1 个小概率事件．

习题 1.3

1. 从分别标有号码 1，2，3，…，10 的 10 张卡片中任意取出 1 张，求下列事件的概率：

（1）号码是奇数；

（2）号码是偶数；

（3）号码是 10；

（4）号码既是 2 的倍数又是 3 的倍数；

（5）号码既是 3 的倍数又是 4 的倍数；

（6）号码小于 8．

2. 在 20 瓶饮料中，有 2 瓶已过了保质期，从中任取 2

瓶，求下列事件的概率：

（1）取到 1 瓶已过保质期的饮料；

（2）至少取到 1 瓶已过保质期的饮料.

3. 某班欲选正、副班长各 1 名，现有 2 名男生和 2 名女生候选，求下列事件的概率：

（1）男生当选为正班长；

（2）正、副班长都是女生.

4. 从 1 副 52 张（无大、小王）扑克牌中任取 1 张，求下列事件的概率：

（1）取到的这张牌是黑桃；

（2）取到的这张牌是 2.

5. 同时掷两颗骰子，求下列事件的概率：

（1）两颗骰子出现的点数都是奇数；

（2）两颗骰子出现的点数之和为 5.

6. 从甲、乙、丙 3 名员工中选出 2 人，求下列事件的概率：

（1）若选出的 2 人分别上白班和夜班，则选中甲上白班、乙上夜班；

（2）若选出的 2 人都上白班，则选中甲和乙上白班.

1.4 互斥事件的概率加法公式

1.4.1 互斥事件

在一次试验中不能同时发生的事件称为**互斥事件**（或**互不相容事件**），否则称为**相容事件**. 若事件 A 与事件 B 是互斥事件，记为 $A \cdot B = \varnothing$.

例如，将 1 枚硬币掷两次，则"两次都出正面"与"两次都出反面"这两个事件是不能同时出现的，故为互斥事件.

试验中的基本事件是两两互斥的.

课堂练习 1.4.1

掷 1 颗骰子，设 A 表示"出 1 点"，B 表示"出偶数点"，C 表示"出现的点数大于 2"，判断下列事件是否互斥：

（1）A 与 B；　（2）A 与 C；　（3）B 与 C.

1.4.2 互斥事件的概率加法公式

例 1 在 10 件产品中，有 6 件一级品，3 件二级品，1 件三级品. 从中任取 1 件，设 A 表示事件"抽到一级品"，B 表示事件"抽到二级品"，C 表示事件"抽到三级品"，求事件"抽到一级品或二级品"的概率.

解 从 10 件产品中任取 1 件，共有 10 种不同的取法，则

$$P(A) = \frac{6}{10} ; \quad P(B) = \frac{3}{10} ; \quad P(C) = \frac{1}{10}$$

事件"抽到一级品或二级品"可以表示为 $A + B$，而且"抽到一级品"与"抽到二级品"这两个事件不可能同时发生，即 A 与 B 互斥. 由于"抽到一级品"或"抽到二级品"的方法有 $6 + 3$ 种，所以

$$P(A+B) = \frac{6+3}{10}$$

可以看出，$P(A+B) = P(A) + P(B)$.

由此可知，如果事件 A 与 B 互斥，则有

$$P(A+B) = P(A) + P(B)$$

一般地，如果事件 A_1，A_2，$\cdots$，A_n 两两互斥，则有

$$P(A_1 + A_2 + \cdots + A_n) = P(A_1) + P(A_2) + \cdots + P(A_n) \quad （1.2）$$

课堂练习 1.4.2

在例 1 所描述的随机试验中，求解下列问题：

（1）事件 B 与 C 是否互斥？

（2）事件 $B+C$ 的概率.

1.4.3　对立事件

若事件 A 与事件 B 不能同时发生，且不能同时不发生，即 $A \cdot B = \varnothing$ 且 $A + B = \Omega$，则称事件 A 与事件 B 互为**对立事件**（或互为**逆事件**）. A 的对立事件记为 $\overline{A}$.

例如，将 1 枚硬币掷两次，设 A 为"第 1 次出正面"，B 为"2 次都出正面"，则 A 的对立事件为"第 1 次出反面"，B 的对立事件为"至少 1 次出反面".

课堂练习 1.4.2

在某科目的考试中，设事件 A 表示"全班同学都及格"，试描述事件 A 的逆事件.

1.4.4　对立事件的概率公式

由对立事件的意义可知，A 与 $\overline{A}$ 互斥，且 $A + \overline{A}$ 是必然事件，从而

$$P(A) + P(\overline{A}) = P(A + \overline{A}) = 1$$

由此可得

$$P(\overline{A}) = 1 - P(A) \qquad\qquad (1.3)$$

在例 1 中，$\overline{C}$ 表示"没抽到三级品"，所以

$$P(\overline{C}) = 1 - P(C) = 1 - \frac{1}{10} = \frac{9}{10}$$

另一方面，"没抽到三级品"意味着"抽到一级品或二级品"，即 $\overline{C} = A + B$，且 A 与 B 互斥，所以

$$P(\overline{C}) = P(A + B) = P(A) + P(B) = \frac{6}{10} + \frac{3}{10} = \frac{9}{10}$$

例 2　在 15 件产品中，有 10 件一级品，3 件二级品，2 件三级品. 从中任取 3 件，求"至少取到 1 件一级品"的概率.

解法 1　设 A 表示"至少抽到 1 件一级品"，B 表示"抽到 1 件一级品"，C 表示"抽到 2 件一级品"，D 表示"抽到 3 件一级品"，则 $A = B + C + D$. 由于 B、C、D 两两互斥，所以

$$\begin{aligned}
P(A) &= P(B + C + D) \\
&= P(B) + P(C) + P(D) \\
&= \frac{C_{10}^1 \cdot C_5^2}{C_{15}^3} + \frac{C_{10}^2 \cdot C_5^1}{C_{15}^3} + \frac{C_{10}^3}{C_{15}^3} \\
&= \frac{20}{91} + \frac{45}{91} + \frac{24}{91} \\
&= \frac{89}{91}
\end{aligned}$$

解法 2　由于 $\overline{A}$ 表示"没有抽到一级品"，且 $P(\overline{A}) = \dfrac{C_5^3}{C_{15}^3} = \dfrac{2}{91}$，所以

$$P(A) = 1 - P(\overline{A}) = 1 - \frac{2}{91} = \frac{89}{91}$$

课堂练习 1.4.4

在例 2 所描述的随机试验中，求下列事件的概率：

（1）至少抽到 1 件三级品；

（2）没抽到三级品.

习题 1.4

1. 从 1 副去掉大、小王的 52 张扑克牌中，任取 1 张，判断下列各对事件中哪些为互斥事件，哪些为对立事件.

（1）"抽到红桃"与"抽到黑桃"；

（2）"抽到红桃"与"没抽到红桃"；

（3）"抽到牌的点数为 3 的倍数"与"抽到牌的点数为 5 的倍数"；

（4）"抽到牌的点数为奇数"与"抽到牌的点数为偶数"；

（5）"抽到牌的点数小于 6"与"抽到牌的点数大于 5"；

（6）"抽到牌的点数小于 6"与"抽到牌的点数大于 6".

2. 甲、乙、丙 3 人同时进行射击，设 A、B、C 3 个事件分别表示甲、乙、丙中靶，试用 A、B、C 表示下列事件：

（1）3 人都中靶；

（2）3 人中至少 1 人中靶；

（3）3 人都不中靶；

（4）3 人中至少 1 人不中靶.

3. 设 A、B、C 为 3 个事件，用 A、B、C 的运算关系表示下列各事件：

（1）A 发生，B 与 C 不发生；

（2）A 与 B 都发生，C 不发生；

（3）A、B、C 中至少有 1 个发生；

（4）A、B、C 都发生；

（5）A、B、C 都不发生；

（6）A、B、C 中至少有 1 个不发生.

4. 某地区的年降水量的范围及其概率如表 1.6 所示.

表 1.6

年降水量/mm	[100, 150)	[150, 200)	[200, 250)	[250, 300)
概　率	0.12	0.25	0.16	0.14

求年降水量在下列范围内的概率：

（1）[100，200)；

（2）[150，300).

5. 某人在 1 次射击中，击中 10 环、9 环、8 环的概率分别为 0.21、0.25、0.18，在 1 次射击中，求下列事件的概率：

（1）击中 8 环以上；

（2）击中 8 环以下；

（3）至少击中 8 环.

6. 有 12 张大小相同的卡片，分别画有 12 种不同的生肖图案，从中任抽 1 张，求下列事件的概率：

（1）抽到"龙"的图案；

（2）没抽到"龙"的图案；

（3）抽到"猪"、"马"或"羊"的图案；

（4）没抽到"猪"、"马"或"羊"的图案.

7. 在 1 000 张卡片中，设有一等奖 1 张，二等奖 3 张，三等奖 11 张，从中任取 1 张，求下列事件的概率：

（1）抽到一等奖；

（2）没抽到一等奖；

（3）中奖；

（4）不中奖.

1.5 独立事件的概率乘法公式

1.5.1 独立事件

例 1 甲袋中装有 3 个白球，2 个黑球；乙袋中装有 4 个白球，3 个黑球，现有两种抽球方法：

（1）分别从两袋中任取 1 球；

（2）从甲袋中抽出 1 球放入乙袋，再从乙袋中抽出 1 球.上述两种抽球方法中，从甲袋中抽出的是白球还是黑球，对从乙袋中抽到白球的概率有没有影响？

解 设 A 表示"从甲袋中抽到白球"，B 表示"从乙袋中抽到白球".

（1）由于是分别从两袋中任取 1 球，很明显，无论从甲袋抽出的是白球还是黑球，都没有影响到乙袋中球的结构，从而对从乙袋中抽到白球的概率没有影响. 这就是说，事件 A 是否发生对事件 B 发生的概率没有影响.

（2）从甲袋中抽出 1 球放入乙袋，由于放入球的颜色不同，会导致乙袋中球的结构发生改变，从而影响从乙袋中抽到白球的概率. 也就是说，事件 A 是否发生会影响事件 B 发生的概率.

一般地，若事件 A 的发生不影响事件 B 发生的概率，则称事件 A 与事件 B **相互独立**. 若事件 A 与事件 B 相互独立，则 A 与 $\overline{B}$、$\overline{A}$ 与 B、$\overline{A}$ 与 $\overline{B}$ 均相互独立.

例如，在例 1（1）中，事件 A 与事件 B 是相互独立事件；在例 1（2）中，事件 A 与事件 B 不是相互独立事件.

在例 1（1）中，事件 $\overline{A}$ 表示"从甲袋中抽到黑球"，事件 $\overline{B}$ 表示"从乙袋中抽到黑球"，显然，事件 A 与 $\overline{B}$、$\overline{A}$ 与 B、$\overline{A}$ 与 $\overline{B}$ 也都是相互独立的.

事件的独立性可以推广到有限多个事件. 若事件 $A_1, A_2, \cdots, A_n$ 中的任一事件的概率不受其他 $n-1$ 个事件发生的影响，则称事件 $A_1, A_2, \cdots, A_n$ 是相互独立的.

课堂练习 **1.5.1**

判断下列各题中事件 A 与事件 B 是否相互独立：

（1）先后掷甲、乙两枚硬币，A 表示"甲币出正面"，B 表示"乙币出正面".

（2）50 瓶饮料中有 2 瓶已过保质期，甲、乙两人先后从中任取一瓶，设 A 为"甲取到过期饮料"，B 为"乙取到过期饮料".

1.5.2 独立事件的概率乘法公式

对于相互独立事件的积事件，有以下概率乘法公式：

若事件 A 与事件 B 是相互独立事件，则

$$P(A \cdot B) = P(A) \cdot P(B) \qquad (1.4)$$

若事件 $A_1, A_2, \cdots, A_n$ 相互独立，则

$$P(A_1 \cdot A_2 \cdots \cdot A_n) = P(A_1) \cdot P(A_2) \cdots \cdot P(A_n) \qquad (1.5)$$

例 2 甲、乙两人向同一目标各射击 1 次，若两人击中目标的概率都是 0.62，求下列事件的概率：

（1）两人都击中目标；

（2）恰有 1 人击中目标；

（3）至少有 1 人击中目标.

解 （1）设 A 表示"甲击中目标"，B 表示"乙击中目标"，由于甲是否击中目标对乙是否击中目标的概率没有影响，因此，A 与 B 是相互独立事件. 而"两人都击中目标"是 A 与 B 的积事件，由公式（1.4）可得

$$P(A \cdot B) = P(A) \cdot P(B) = 0.62 \times 0.62 = 0.384\ 4$$

（2）"恰有 1 人击中目标"包含两种情况：一种是"甲中、乙不中"，即事件 $A \cdot \overline{B}$ 发生；另一种是"乙中、甲不中"，即事件 $\overline{A} \cdot B$ 发生. 也就是说，"恰有 1 人击中目标" $= A \cdot \overline{B} + \overline{A} \cdot B$. 由于这两种情况在一次试验中不可能同时发生，即事件 $A \cdot \overline{B}$ 与 $\overline{A} \cdot B$ 互斥，由式（1.2）、式（1.3）和式（1.4）可得

$$P(A \cdot \overline{B} + \overline{A} \cdot B) = P(A \cdot \overline{B}) + P(\overline{A} \cdot B)$$
$$= P(A)P(\overline{B}) + P(\overline{A})P(B)$$
$$= 0.62 \times (1 - 0.62) + (1 - 0.62) \times 0.62$$
$$= 0.471\ 2$$

（3）**解法 1** "至少有 1 人击中目标"包含 3 种情况："甲中、乙不中"、"乙中、甲不中"和"两人都击中目标"，也就是说，"至少有 1 人击中目标" $= A \cdot \overline{B} + B \cdot \overline{A} + A \cdot B$. 由于事件 $A \cdot \overline{B}$、$B \cdot \overline{A}$、$A \cdot B$ 两两互斥，由式（1.2）、式（1.3）和式（1.4）可得

$$P(A \cdot \overline{B} + \overline{A} \cdot B + A \cdot B) = P(A \cdot \overline{B}) + P(\overline{A} \cdot B) + P(A \cdot B)$$
$$= P(A)P(\overline{B}) + P(\overline{A})P(B) + P(A)P(B)$$
$$= 0.62 \times (1 - 0.62) + (1 - 0.62) \times 0.62 +$$
$$0.62 \times 0.62$$
$$= 0.855\ 6$$

解法 2 由于"至少有 1 人击中目标"的对立事件是"两人都没击中目标"，记为 $\overline{A} \cdot \overline{B}$，而事件 $\overline{A}$ 与事件 $\overline{B}$ 也是相互独立事件，从而有

$$P(\overline{A} \cdot \overline{B}) = P(\overline{A})P(\overline{B}) = (1 - 0.62) \times (1 - 0.62) = 0.144\ 4$$

因此，由式（1.3）可得"至少有 1 人击中目标"的概率为

$$1 - P(\overline{A} \cdot \overline{B}) = 1 - 0.144\ 4 = 0.855\ 6$$

课堂练习 1.5.2

分别掷甲、乙两颗骰子，设 A 表示"甲出 6 点"，B 表示"乙出 6 点"，求解下列问题：

（1）事件 A 与 B 是否相互独立；

（2）两数之和为 12 的概率；

（3）两数之和不为 12 的概率.

习题 1.5

1. 判断下列各题中事件 A 与事件 B 是否相互独立：

（1）30 件产品中有 2 件次品，从中每次抽 1 件，连续抽两次，每次抽出产品后又放回去，A 表示"第 1 次抽到次品"，B 表示"第 2 次抽到次品"；

（2）30 件产品中有 2 件次品，从中每次抽 1 件，连续抽两次，每次抽出产品后不再放回，A 表示"第 1 次抽到次品"，B 表示"第 2 次抽到次品".

2. 某工厂甲、乙两车间生产同一种产品，甲车间的合格率为 95%，乙车间的合格率为 94%，从两车间生产的产品中各抽 1 件，求以下事件的概率：

（1）都抽到合格品；

（2）至少抽到 1 件合格品；

（3）都抽到次品.

3. 甲、乙两人在相同条件下击中目标的概率分别为 0.6 和 0.5，求下列事件的概率：

（1）两人都击中目标；

（2）两人都没击中目标；

（3）恰有 1 人击中目标；

（4）至少有 1 人击中目标.

1.6 离散型随机变量及其分布

1.6.1 离散型随机变量

随机试验的结果往往可以用 1 个数字来表示. 例如, 某人在 1 次射击中击中的环数; 某次产品检验中抽到的次品数; 掷 1 颗骰子出现的点数, 等等. 有些随机试验的结果虽然与数字没有直接关系, 但仍然可以用数量来表示. 例如, 掷 1 枚硬币, "正面向上"与"反面向上"这两个结果都不具有数量性质, 我们可以用 0 表示"正面向上", 用 1 表示"反面向上", 从而, 该随机实验的结果就与数字相对应了. 因此, 我们可以用 1 个变量来表示随机试验的结果.

用于表示随机试验的结果的变量称为**随机变量**, 常用大写的英文字母 X 、Y 等表示随机变量. 如果随机变量的取值可以一一列出, 这样的随机变量称为**离散型随机变量**.

例如, 某人在 1 次射击中击中的环数是 1 个随机变量, 若用 X 表示, 则

$X = 0$, 表示击中 0 环;

$X = 1$, 表示击中 1 环;

……

$X = 10$, 表示击中 10 环.

又如, 掷 1 颗骰子出现的点数也是 1 个随机变量, 若用 Y 表示, 则

$Y = 1$, 表示出 1 点;

$Y = 2$, 表示出 2 点;

……

$Y = 6$, 表示出 6 点.

以上描述的随机变量 X 和 Y 所取的值可以一一列举出来, 所以它们都是离散型随机变量.

例 1 一袋中装有 3 个红色和 6 个白色的乒乓球, 从中任取 4 个球, 用 X 表示取到红球的个数, 写出 X 可能取得的值.

解 由于袋中含有 3 个红球和 6 个白球, 从中任取 4 个, 取到红球的个数可能是 0 个、1 个、2 个或 3 个, 因此, X 可能取得的值是: 0, 1, 2, 3.

课堂练习 **1.6.1**

写出下列随机变量可能取得的值：

（1）从分别写有 1，2，3，4，5 的 5 张卡片中任取 1 张，取到的卡片号码 X；

（2）掷 2 颗骰子，所得点数之和 X；

（3）在 100 件产品中有 3 件次品，从中任取 4 件，抽到的次品个数 X.

1.6.2 离散型随机变量的分布列

掷 1 颗骰子，设出现的点数为 X，则 X 可能取得的值有 1，2，3，4，5，6. 虽然在掷骰子之前，我们不能确定随机变量 X 会取哪一个值，却知道 X 取各值的概率都是 $\dfrac{1}{6}$. 我们将随机变量 X 可能取得的值以及 X 取这些值的概率列成表，如表 1.7 所示.

表 1.7

X	1	2	3	4	5	6
$P(X)$	$\dfrac{1}{6}$	$\dfrac{1}{6}$	$\dfrac{1}{6}$	$\dfrac{1}{6}$	$\dfrac{1}{6}$	$\dfrac{1}{6}$

表 1.7 从概率的角度显示了随机变量在随机试验中取值的分布状况，称为随机变量 X 的概率分布.

一般地，设离散型随机变量 X 可能取得的值为

$$x_1, x_2, \cdots, x_i, \cdots$$

X 取每一个 x_i（$i = 1, 2, \cdots$）的概率 $P(X = x_i) = p_i$，则称表 1.8 为随机变量 X 的概率分布，简称为 X 的**分布列**.

表 1.8

X	x_1	x_2	$\cdots$	x_i	$\cdots$
P	p_1	p_2	$\cdots$	p_i	$\cdots$

由概率的性质可知，任一离散型随机变量的分布列都具有以下性质：

（1）$p_i \geqslant 0$，$i = 1, 2, \cdots$

（2）$p_1 + p_2 + \cdots = 1$.

例 2 某射手射击命中环数 X 的分布列如表 1.9 所示，求此射手"命中的环数 $\geqslant 8$"的概率.

表 1.9

X	4	5	6	7	8	9	10
P	0.02	0.04	0.08	0.17	0.23	0.26	0.20

解 1 次射击中，事件" $X \geqslant 8$ "是由两两互斥事件" $X = 8$ "、" $X = 9$ "、" $X = 10$ "组成的和事件，且 $P(X = 8) = 0.23$ ， $P(X = 9) = 0.26$ ， $P(X = 10) = 0.20$ ，由互斥事件的概率加法公式可得

$$P(X \geqslant 8) = P(X = 8) + P(X = 9) + P(X = 10)$$
$$= 0.23 + 0.26 + 0.20$$
$$= 0.69$$

课堂练习 **1.6.2**

从分别写有 1，2，3，4，5 的 5 张卡片中任取 1 张.

（1）写出取到的卡片号码 X 的分布列；

（2）求取到的卡片号码 $\leqslant 3$ 的概率.

习题 1.6

1. 在 100 件产品中有 5 件次品，从中任取 4 件.

（1）写出抽到的次品个数 X 的分布列；

（2）求抽到的次品个数不超过 2 件的概率.

2. 掷 2 颗骰子.

（1）写出所得点数之和 X 的分布列；

（2）求所得点数之和是 3 的倍数的概率.

3. 若篮球运动员在罚球时命中得 1 分，不中得 0 分. 已知某运动员罚球命中的概率为 0.6，求解下列问题：

（1）该运动员罚球不中的概率；

（2）该运动员罚球 1 次得分 X 的分布列.

1.7　离散型随机变量的期望和方差

对于离散型随机变量，确定了它的分布列，就掌握了随机变量的统计规律. 在许多实际问题中，我们还会关注随机变量的某个方面的特征. 例如，某射手射击时命中的环数 X 是个随机变量，我们往往关心的是该射手命中环数的平均数，以及命中的环数与平均数的偏离程度.

1.7.1　离散型随机变量的数学期望

一般地，若离散型随机变量 X 的分布列如表 1.10 所示，则称

$$EX = x_1 p_1 + x_2 p_2 + \cdots + x_n p_n + \cdots \qquad (1.6)$$

为 X 的**数学期望**或**平均值**（简称**期望**或**均值**）.

表 1.10

X	x_1	x_2	$\cdots$	x_n	$\cdots$
P	p_1	p_2	$\cdots$	p_n	$\cdots$

数学期望反映了随机变量取值的平均状态.

例 1　某射手射击命中环数 X 的分布列如表 1.11 所示，求该射手命中环数 X 的数学期望.

表 1.11

X	0	1	2	3	4	5	6	7	8	9	10
P	0.00	0.00	0.00	0.00	0.02	0.04	0.08	0.17	0.23	0.26	0.20

解　由式（1.6）可得

$$EX = 4 \times 0.02 + 5 \times 0.04 + 6 \times 0.08 + 7 \times 0.17 +$$
$$8 \times 0.23 + 9 \times 0.26 + 10 \times 0.20$$
$$= 8.13$$

例 2　A、B 两台车床生产同一种零件，生产 1 000 件产品所出现的次品数分别用 X 和 Y 表示，其分布列如表 1.12、表 1.13 所示，问哪一台车床加工的产品质量好一些？

表 1.12

X	0	1	2	3
P	0.6	0.2	0.1	0.1

表 1.13

Y	0	1	2	3
P	0.5	0.2	0.3	0.0

解 由于两台车床的产量相同,其加工产品的质量可通过次品数的平均值来比较.

$$EX = 0 \times 0.6 + 1 \times 0.2 + 2 \times 0.1 + 3 \times 0.1 = 0.7$$

$$EY = 0 \times 0.5 + 1 \times 0.2 + 2 \times 0.3 + 3 \times 0.0 = 0.8$$

因为 $EX < EY$,即 A 车床在加工的 $1\,000$ 件产品中所出现的平均次品数较少,所以 A 车床加工的产品质量较高.

课堂练习 **1.7.1**

从分别写有 1,2,3,4,5 的 5 张卡片中任取 1 张,求取到的卡片号码 X 的数学期望.

1.7.2 离散型随机变量的方差

一般地,若离散型随机变量 X 的分布列如表 1.14 所示,则称

$$DX = E(X - EX)^2 = (x_1 - EX)^2 p_1 +$$
$$(x_2 - EX)^2 p_2 + \cdots + (x_n - EX)^2 p_n + \cdots \quad (1.7)$$

为 X 的**方差**. $\sqrt{DX}$ 为 X 的**均方差**或**标准差**.

表 1.14

X	x_1	x_2	$\cdots$	x_n	$\cdots$
P	p_1	p_2	$\cdots$	p_n	$\cdots$

方差或均方差反映了随机变量取值的离散程度. 方差(或均方差)越小,取值越集中;方差(或均方差)越大,取值越分散.

例 3 掷 1 颗骰子,设出现的点数为 X ,求 DX 和 $\sqrt{DX}$.

解 已知 X 的分布列如表 1.15 所示，则

$$EX = 1 \times \frac{1}{6} + 2 \times \frac{1}{6} + 3 \times \frac{1}{6} + 4 \times \frac{1}{6} + 5 \times \frac{1}{6} + 6 \times \frac{1}{6} = \frac{7}{2}$$

$$DX = \left(1 - \frac{7}{2}\right)^2 \times \frac{1}{6} + \left(2 - \frac{7}{2}\right)^2 \times \frac{1}{6} + \left(3 - \frac{7}{2}\right)^2 \times \frac{1}{6} +$$

$$\left(4 - \frac{7}{2}\right)^2 \times \frac{1}{6} + \left(5 - \frac{7}{2}\right)^2 \times \frac{1}{6} + \left(6 - \frac{7}{2}\right)^2 \times \frac{1}{6}$$

$$= \frac{35}{12} \approx 2.92$$

$$\sqrt{DX} = \sqrt{\frac{35}{12}} \approx 1.71$$

表 1.15

X	1	2	3	4	5	6
$P(X)$	$\frac{1}{6}$	$\frac{1}{6}$	$\frac{1}{6}$	$\frac{1}{6}$	$\frac{1}{6}$	$\frac{1}{6}$

例 4 A、B 两台车床生产同一种零件，生产等量产品所出现的次品数分别用 X 和 Y 表示，其分布列如表 1.16、表 1.17 所示，试分析哪一台车床的状况好一些？

表 1.16

X	0	1	2	3
P	0.7	0.1	0.1	0.1

表 1.17

Y	0	1	2	3
P	0.5	0.4	0.1	0.0

解 $EX = 0 \times 0.7 + 1 \times 0.1 + 2 \times 0.1 + 3 \times 0.1 = 0.6$

$EY = 0 \times 0.5 + 1 \times 0.4 + 2 \times 0.1 + 3 \times 0.0 = 0.6$

$DX = (0 - 0.6)^2 \times 0.7 + (1 - 0.6)^2 \times 0.1 +$

$(2 - 0.6)^2 \times 0.1 + (3 - 0.6)^2 \times 0.1$

$= 1.04$

$DY = (0 - 0.6)^2 \times 0.5 + (1 - 0.6)^2 \times 0.4 +$

$(2 - 0.6)^2 \times 0.1 + (3 - 0.6)^2 \times 0.0$

$= 0.44$

因为 $EX = EY$，可知 A、B 车床出现的平均次品数相同.

而 $DX > DY$，说明 B 车床次品数的取值比较集中. 因此，在 $EX = EY$ 的前提下，由 $DX > DY$ 反映出 B 车床的稳定性较好.

课堂练习 1.7.2

从分别写有 1，2，3，4，5 的 5 张卡片中任取 1 张，求取到的卡片号码 X 的方差和均方差.

习题 1.7

1. 在 100 件产品中有 4 件次品，从中任取 3 件，设抽到的次品个数为 X，求解下列问题：

（1）抽到次品数 X 的数学期望；

（2）抽到次品数 X 的方差.

2. 甲、乙两射手在相同条件下进行射击，命中环数分别为 X 和 Y，分布列如表 1.18、表 1.19 所示，试利用命中环数的期望与方差比较两射手的射击水平.

表 1.18

X	8	9	10
P	0.3	0.5	0.2

表 1.19

Y	8	9	10
P	0.3	0.4	0.3

3. 有 A、B 两种品牌的手表，日走时误差分别为 X 和 Y（单位：s），分布列如表 1.20、表 1.21 所示，试利用日走时误差的期望与方差比较两品牌手表的计时质量.

表 1.20

X	-1	0	1
P	0.1	0.8	0.1

表 1.21

Y	-2	-1	0	1	2
P	0.1	0.2	0.4	0.2	0.1

主要知识点小结

本章主要内容是随机事件、随机事件的概率、等可能事件的概率、互斥事件的概率加法公式、独立事件的概率乘法公式、离散型随机变量的分布列、离散型随机变量的期望和方差.

（1）日常生活中所遇到的事件包括必然事件、不可能事件和随机事件. 随机事件在现实生活中是广泛存在的. 在一次实验中，事件是否发生虽然带有偶然性，但在大量重复实验中，它的发生呈现出一定的规律性，即事件发生的频率总是接近于某个常数，在它附近摆动，这个常数就叫作这一事件的概率.

（2）在概率计算中，通常将一个事件频率的稳定值近似地作为它的概率. 但对于某些事件，也可以直接通过分析来计算其概率. 如果一次实验中共有 n 个等可能出现的基本事件，则每个基本事件出现的概率都为 $\dfrac{1}{n}$. 若随机事件 A 包含了 m 个基本事件，则事件 A 的概率为 $P(A) = \dfrac{m}{n}$.

（3）不可能同时发生的两个事件叫作互斥事件. 当 A、B 是互斥事件时，$P(A+B) = P(A) + P(B)$.

其中，必有一个发生的两个互斥事件叫作对立事件. 当 A、B 是对立事件时，$P(B) = 1 - P(A)$.

如果一个事件是否发生对另一个事件发生的概率没有影响，那么这两个事件叫作相互独立事件. 当 A、B 是相互独立事件时，$P(A \cdot B) = P(A) \cdot P(B)$.

（4）随机变量概念的引入，使我们能更好地借助数学工具对随机现象加以研究. 如果随机变量取得的值能一一列出，则称其为离散型随机变量. 离散型随机变量的分布列反映了随机变量取各个值的可能性的大小；数学期望反映了随机变量取值的平均水平；方差反映了随机变量集中与离散的程度.

测试题 1

1. 从分别写有 1，2，3，4，5 的 5 张卡片中任取 1 张，指出下列事件中哪些是必然事件？哪些是不可能事件？哪些是随机事件？

（1）出现的数字小于 1；

（2）出现的数字是 1；

（3）出现的数字不小于 1.

2. 已知 50 件产品中有 4 件次品，从中任取 4 件，求解下列问题：

（1）没取到次品的概率；

（2）至少取到 1 件次品的概率；

（3）取到奇数件次品的概率.

3. 甲、乙两人向同一目标射击，若两人击中目标的概率分别为 0.55 和 0.56，求下列事件的概率：

（1）两人都没击中目标；

（2）恰有 1 人击中目标；

（3）至少有 1 人击中目标.

4. 一袋中装有 3 个红色和 5 个白色的乒乓球，从中任取 4 个球，用 X 表示取到红球的个数，求解下列问题：

（1）写出 X 的分布列；

（2）"至少抽到 2 个红球"的概率；

（3）X 的期望和方差.

2　统计初步

　　在当今社会，抽样调查已成为研究社会问题的常用方法. 例如，有关部门要通过了解某地区一年级学生的体重、身高的数据来分析这些学生的身体发育情况，需要从这些学生中抽出部分学生，对他们的体重、身高的数据进行统计处理. 怎样设计抽取方案才能较好地反映全体学生的情况？怎样估计学生身体发育状况的平均水平？怎样估计学生身体发育的总体分布情况？解决上述问题需要用到本章中的数据整理的相关知识.

　　本章将学习简单随机抽样的方法以及数据整理的初步知识.

2.1 抽样方法

2.1.1 总体与样本

我们把研究对象的全体组成的集合称为**总体**,组成总体的每个元素称为**个体**.

例如,研究某地区一年级学生的身高时,该地区一年级全体学生的身高就是总体,其中每个学生的身高就是该总体中的个体.

从总体中抽取部分个体的过程叫作**抽样**,所抽取的一部分个体称为来自总体的一个**样本**,样本中个体的个数称为**样本的容量**(或样本的大小).

对来自总体的容量为 n 的一个样本进行一次观察,所得到的一串数据 $(x_1, x_2, \cdots, x_n)$ 称为**样本的观察值**.

例如,从某地区一年级的学生中抽取 100 名学生测量身高,这 100 名学生的身高就是该地区一年级全体学生身高这个总体的一个样本,这个样本的容量为 100.

我们通常是从总体中抽取一个样本,通过研究样本的特性去估计总体的相应特性. 为了使抽取的样本能够较好地反映总体的特性,抽样的方法必须满足以下基本要求:

(1)随机性:总体中每个个体都有同等的机会被抽到.

(2)独立性:每次抽取的结果互不影响.

满足上述两个条件抽取的样本称为**简单随机样本**.

2.1.2 抽样方法

在实践中有多种办法得到简单随机样本,下面介绍几种常用的抽样方法.

1. 抽签法

设总体含有 N 个个体,给总体中的所有个体编号,并将号码写在外形相同的号签上,放入一个箱子里充分搅匀. 每次从中抽出一个号签,连续抽 n 次,就得到一个容量为 n 的样本. 这种抽样方法称为**抽签法**.

抽签法适用于总体所含的个体数不多的情景.

2. 系统抽样法

当总体中的个体较多时，可将总体等分成 n 个部分，按照某种预定的规则，从每一部分抽取一个个体，就得到一个容量为 n 的样本. 这种抽样方法称为**系统抽样法**.

例 1 某年级有 1 000 名学生，从中抽出 50 名学生参加某项抽样调查. 试设计一种抽样规则，抽取所需的样本.

解 由于总体所含的个体数较大（ $N = 1\,000$ ），若用抽签法则需制作 1 000 个号签. 为简便起见这里采用系统抽样法.

第 1 步：给个体编号、分组.

假设这 1 000 名学生的随机编号为 1，2，3，…，1 000，由于样本容量为 50，我们将总体等分为 50 个组，每一组都含有 20 个个体. 第 1 组个体的编号是 1，2，…，20；第 2 组个体的编号是 21，22，…，40；……第 50 组个体的编号是 981，982，…，1 000.

第 2 步：任取一组（通常取第 1 组），采用抽签法抽取一个号码.

假设在第 1 组中采用抽签法，则需制作编号是 1，2，…，20 共 20 个号签. 随机抽取一个号签，如抽到 8 号.

第 3 步：获取其他号码，形成样本.

由于每一组都含有 20 个个体，因此，从抽到的 8 号起，每隔 20 个号抽取一个号码，这样就得到一个容量为 50 的样本：8，28，48，…，968，988.

几点说明：

（1）给总体中的个体编号有多种方式，例 1 中个体的号码也可以从 000 1 到 1 000；还可以利用已有的编号，如学生的学号、准考证号等.

（2）给所有编号分组时，如果总体的个数 N 不能被样本容量 n 整除，如 $N = 1\,005$，样本容量 $n = 50$，则需先从总体中随机抽出 5 个个体，使余下的个体数 1 000 能被样本容量 50 整除，再利用系统抽样法往下进行.

（3）当总体的个数 N 能被样本容量 n 整除时，可用 $\dfrac{N}{n}$ 确定分组的间隔（例 1 中 $\dfrac{1\,000}{50} = 20$）. 在第 1 组抽得一个号码后，依次加上间隔的倍数，即可得到后续的号码，直到获取整个样本.

课堂练习 **2.1.1**

　　某礼堂有 23 排座位，每排有 35 个座位. 一次报告会礼堂坐满了听众，会后留下了所有座位号为 16 的 23 名听众进行座谈. 这里运用了哪种抽样方法？

　　3. 分层抽样法

　　当总体由差异明显的多个部分组成时，为了使样本能充分地反映总体的特性，将总体分成若干部分（又称分层），再按各部分所占的比例进行抽样. 这种抽样方法称为**分层抽样法**.

　　例 2　某单位有职工 450 人，其中 35 岁以下的有 105 人，35 ~ 50 岁的有 260 人，50 岁以上的有 85 人. 为了了解该单位职工身体状况中与年龄有关的某项指标，需要抽取一个容量为 90 的样本. 试利用分层抽样方法，抽取所需的样本.

　　解　由于该项指标与年龄有关，所以将总体人数按年龄分为 3 组：小于 35 岁组、35 ~ 50 岁组、大于 50 岁组.

　　第 1 步：确定各组抽取的个数.

　　因为 $n : N = 90 : 450 = 1 : 5$，所以将各年龄段人数除以 5 即为各组抽取的个数：

$$\frac{105}{5} = 21 ; \quad \frac{260}{5} = 52 ; \quad \frac{85}{5} = 17$$

　　第 2 步：获取样本.

　　利用抽签法或系统抽样法在各组分别抽取指定的个数，然后合在一起就得到抽取的样本.

课堂练习 **2.1.2**

　　一学校某 3 个专业共有学生 1 100 人，且 3 个专业人数之比为 2 : 3 : 5，若用分层抽样法从中抽得一个容量为 100 的样本，这 3 个专业分别应抽取多少人？

习题 2.1

1. 从某市初中毕业会考的学生中抽查了 1 000 名学生的数学成绩，指出问题中的总体、个体、样本和样本容量.

2. 某小组有 25 名学生，试用抽签法随机抽取一个容量为 6 的样本，并写出抽样过程.

3. 某专业有 205 名学生，试用系统抽样法按 1∶5 的比例抽取一个样本，并写出抽样过程.

4. 某运动队有男运动员 63 人，女运动员 35 人，试用分层抽样法抽取一个容量为 28 的样本，并写出抽样过程.

2.2 常用统计量

当我们由总体获得样本后,为了更好地推断总体的特征,需要对样本进行加工处理. 我们把不包含总体未知参数的样本的函数称为**统计量**.

2.2.1 常用统计量

1. 样本均值

设在总体中抽取一个容量为 n 的样本 $(X_1, X_2, \cdots, X_n)$,则

$$\overline{X} = \frac{1}{n} \sum_{i=1}^{n} X_i \qquad (2.1)$$

称为**样本均值**,它反映了总体的平均状态.

2. 样本方差

设在总体中抽取一个容量为 n 的样本 $(X_1, X_2, \cdots, X_n)$,则

$$S^2 = \frac{1}{n-1} \sum_{i=1}^{n} (X_i - \overline{X})^2 \qquad (2.2)$$

称为**样本方差**,它反映了总体在均值附近的波动大小.

3. 样本标准差

设在总体中抽取一个容量为 n 的样本 $(X_1, X_2, \cdots, X_n)$,则

$$S = \sqrt{\frac{1}{n-1} \sum_{i=1}^{n} (X_i - \overline{X})^2} \qquad (2.3)$$

称为**样本标准差**,它是样本方差的正平方根,又称**均方差**.

4. 样本极差

设在总体中抽取一个容量为 n 的样本 $(X_1, X_2, \cdots, X_n)$,则

$$R = X_{\max} - X_{\min} \qquad\qquad (2.4)$$

称为**样本极差**.

例 1　从参加期末考试的学生中随机抽查了 20 名学生的数学成绩，分数如表 2.1 所示.

表 2.1

| 90 | 84 | 84 | 86 | 87 | 98 | 73 | 82 | 90 | 93 |
| 68 | 95 | 84 | 71 | 78 | 61 | 94 | 88 | 77 | 100 |

（1）指出问题中的总体、个体、样本和样本容量；

（2）计算样本极差、样本均值、样本方差和样本标准差（精确到 0.01）.

解　（1）在这个问题中，总体是所有参加期末考试学生的数学成绩；个体是每一个参加期末考试学生的数学成绩；随机抽取的 20 名学生的数学成绩是总体的一个样本；样本容量是 20.

（2）找出数据的最大数 100 和最小数 61，则

样本极差：$R = 100 - 61 = 39$

样本均值：$\overline{X} = \dfrac{1}{20} \times (90 + 84 + \cdots + 100) = 84.15$

样本方差：

$$S^2 = \frac{1}{19} \times [(90 - 84.15)^2 + (84 - 84.15)^2 + \cdots + (100 - 84.15)^2]$$
$$\approx 106.24$$

样本标准差：$S = \sqrt{106 \cdot 24} \approx 10.31$

2.2.2　利用计算器计算常用统计量

例 2　计算下列 7 个数据的和、平方和、均值、标准差和方差.

$$32, \ 34, \ 56, \ 67, \ 23, \ 23, \ 78$$

解　以 CASIO fx-82MS 型学生用计算器为例，操作步骤如下：

1. 选择统计模式

MODE 2 进入统计计算模式，显示屏最上方显示 SD.

2. 清除残存数据

Shift CLR 1 (Sci) =

3. 输入数据

32 M+ 34 M+ 56 M+ 67 M+ 23 M+ 23 M+ 78 M+

注意： 每输入一个数据之后，都要按 M+ 键，已输入数据的个数会同步显示在屏幕上.

4. 计算统计量

（1）数据求和：$\sum\limits_{i=1}^{n} X_i$

操作：Shift S-SUM 2

计算结果：$\sum\limits_{i=1}^{n} X_i = 313$

（2）数据的平方和：$\sum\limits_{i=1}^{n} X_i^2$

操作：Shift S-SUM 1

计算结果：$\sum\limits_{i=1}^{n} X_i^2 = 16\,947$

（3）算术平均值：$\overline{X} = \dfrac{1}{n}\sum\limits_{i=1}^{n} X_i$

操作：Shift S-VAR 1

计算结果：$\overline{X} = \dfrac{1}{n}\sum\limits_{i=1}^{n} X_i = 44.71$

（4）样本标准差：$S = \sigma_{n-1} = \sqrt{\dfrac{1}{n-1}\sum\limits_{i=1}^{n}(X_i - \overline{X})^2}$

操作：Shift S-VAR 3

计算结果：$S = \sigma_{n-1} = \sqrt{\dfrac{1}{n-1}\sum\limits_{i=1}^{n}(X_i - \overline{X})^2} = 22.18$

（5）样本方差：$S^2 = (22.18)^2 = 491.95$

注意： 将样本标准差经过平方运算即得样本方差.

课堂练习 2.2.2

试利用计算器完成例 1（2）的计算.

习题 2.2

1. 从 1 000 件零件中抽取 10 件，每件长度（单位：mm）如表 2.2 所示.

表 2.2

22.36	22.35	22.33	22.35	22.37
22.34	22.38	22.36	22.32	22.35

（1）指出问题中的总体、个体、样本和样本容量；

（2）计算样本极差、样本均值和样本方差（精确到 0.01）.

2. 设总体的一组样本观察值为 1，0，1，0，1，1，求该样本的均值和方差.

3. 计算下列 10 个数据的和、平方和、均值、标准差和方差.

    40，31，34，46，47，33，23，48，43，48

4. 武汉某梁场生产等级为 C55 的 900 t 的预制箱梁. 现有同批次箱梁若干，其标准试件强度（单位：MPa）如表 2.3 所示，需计算标准试件强度的均值 R_n 和标准差 S_n，然后再用混凝土强度评定办法对该批箱梁进行强度评定. 试利用表中数据计算 R_n 和 S_n 值.

表 2.3

57.3	58.2	60.1	56.9	56.4	56.7
55.8	57.0	56.2	55.3	55.9	55.6
52.7	53.4	58.5			

2.3 总体分布的估计

当我们获得了总体的样本之后,如何从中分析出总体的分布规律呢?通常情况下,我们用样本的频率分布去估计总体分布.

为了了解中学生的身体发育情况,对某中学同年龄的 60 名女生的身高进行了测量,结果如表 2.4 所示(单位:cm).

表 2.4

167	154	159	166	169	159	156	166	162	158
159	156	166	160	164	160	157	156	157	161
158	158	153	158	164	158	163	158	153	157
162	162	159	154	165	166	157	151	146	151
158	160	165	158	163	163	162	161	154	165
162	162	159	157	159	149	164	168	159	153

如果把该中学同年龄全体女生的身高看作一个总体,那么上面的数据就是从总体中抽取的一个容量为 60 的样本.下面我们用作频率直方图的方法来研究总体的分布规律.作频率直方图的步骤如下:

1. **数据分组**

(1)计算极差:找出数据中的最大数 169 和最小数 146,则极差为

$$R = 169 - 146 = 23 \ (\text{cm})$$

(2)确定组距与组数:将一批数据分为若干组,每组两个端点之间的距离称为**组距**.本例中取组距为 3 cm,因 $\dfrac{\text{极差}}{\text{组距}} = \dfrac{23}{3} = 7\dfrac{2}{3}$,故将数据分成 8 组.

(3)确定分点:取小于或等于最小数的一个数作为第 1 组的起点,本例中取 145.5 为起点.每增加一个组距就得到一个分点,相邻两分点之间的数据称为一组数据.如果数据本身就是分点,我们规定它属于后一组.

2. 作频率分布表

（1）统计频数：将数据分成 8 组（见表 2.5 的第 2 列），用选举时唱票的方法，对落在各个小组内的数据进行累计，得到的累计数称为各个小组的**频数**（见表 2.5 的第 3 列）.

（2）计算频率：频数与样本数据总个数之比称为**频率**，即频率 = $\dfrac{\text{小组频数}}{\text{数据总数}}$（见表 2.5 的第 4 列）.

（3）计算频率密度：频率与组距之比称为**频率密度**，即频率密度 = $\dfrac{\text{频率}}{\text{组距}}$（见表 2.5 的第 5 列）.

表 2.5

组序	分　组	频　数	频　率	频率密度
1	145.5 ~ 148.5	1	0.016 67	0.005 6
2	148.5 ~ 151.5	3	0.050 00	0.016 7
3	151.5 ~ 154.5	6	0.100 00	0.033 3
4	154.5 ~ 157.5	8	0.133 33	0.044 4
5	157.5 ~ 160.5	18	0.300 00	0.100 0
6	160.5 ~ 163.5	11	0.183 33	0.061 1
7	163.5 ~ 166.5	10	0.166 67	0.055 6
8	166.5 ~ 169.5	3	0.050 00	0.016 7
合计		60	1	

3. 画频率直方图

取一直角坐标系，以横轴表示身高、纵轴表示频率密度，画出一系列矩形，如图 2.1 所示. 其中，每个矩形的底边长是组距，高是该组的频率密度. 这个图称为**频率直方图**.

由频率直方图可以看出：

（1）每一矩形的面积等于相应各组的频率，而各组频率的和等于 1，因此，各矩形面积的和等于 1.

（2）数据落在中间部分组内的频率较大.

（3）将图中各个小矩形的顶部中点用折线连接起来，当样本容量 n 不断增加，并且分组越来越细时，直方图顶部的折线便转化为一条光滑的曲线——**总体密度曲线**（见图 2.2 和图 2.3），其函数 $f(x)$ 称为**概率密度函数**（简称密度函数）. 总体密度曲线反映了总体的分布情况.

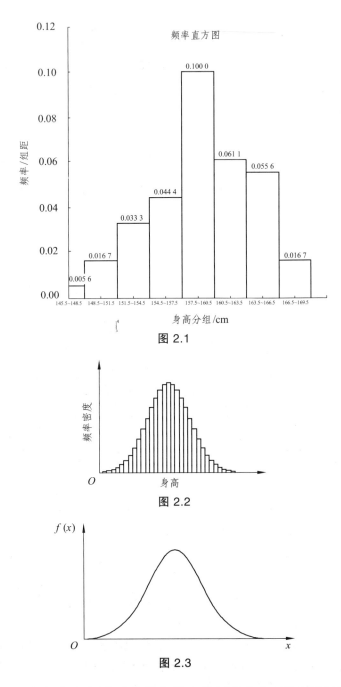

图 2.1

图 2.2

图 2.3

由频率直方图可以得出样本的频率分布,因此可以用来估计总体分布.

例如,从频率分布表中看到样本数据落在 157.5 ~ 160.5 cm 的频率是 0.3,于是可以估计同龄女生中身高在 157.5 ~ 160.5 cm 的概率约为 30%. 用 X 表示身高的取值,则有 $P(157.5 \leqslant X \leqslant 160.5) \approx 0.3$. 由频率分布表还可以看

出：身高落在 145.5 ~ 163.5 cm 的频率是 0.783，从而估计
$P(145.5 \leqslant X \leqslant 163.5) \approx 0.783$．身高小于 160.5 cm 的女生
占全部女生的 60%，则有 $P(X \leqslant 160.5) \approx 0.6$，等等．

通常情况下，我们不易知道一个总体的分布情况．实践中，我们往往是从总体中抽取一个样本，用样本的频率分布去估计总体分布．一般地，样本的容量越大，这种估计就越精确．

课堂练习 **2.3.1**

在对 100 个数据进行整理的频率分布表中，
（1）各组的频数之和是多少？
（2）各组的频率之和是多少？

习题 **2.3**

1. 学校召开学生代表大会，代表中 *A* 专业有 12 人，*B* 专业有 10 人，*C* 专业有 24 人，*D* 专业有 27 人，*E* 专业有 16 人，*F* 专业有 11 人．
（1）列出各专业代表的频率分布表；
（2）绘出频率直方图．

2. 有一个容量为 50 的样本，数据的分组及各组的频数如下：

[12.5, 15.5) 2；[15.5, 18.5) 8；[18.5, 21.5) 9；
[21.5, 24.5) 11；[24.5, 27.5) 10；[27.5, 30.5) 6；
[30.5, 33.5) 4.

（1）列出样本的频率分布表；
（2）绘出频率直方图；
（3）估算数据落在[15.5, 24.5)的概率值．

3. 为了了解中学生的身体发育情况，对某中学同年龄的 50 名男生的身高进行了测量，结果如表 2.6 所示（单位：cm）．

表 2.6

175	168	170	176	167	181	162	173	171	177
179	172	165	157	172	173	166	177	169	181
160	163	166	177	175	174	173	174	171	171
158	170	165	175	165	174	169	163	166	166
174	172	166	172	167	172	175	161	173	167

（1）列出样本的频率分布表；

（2）绘出频率直方图；

（3）估算该中学这个年龄段的男生的身高在 170 cm 以下的约占多少？身高在 165～170 cm 的约占多少？

2.4　正态分布

在生产、科研和日常生活中，常常会遇到这样一类随机现象，它们是一些互相独立的偶然因素所引起的，而每一个偶然因素在总的变化里都只是起着微小的作用. 表示这类随机现象的概率分布一般是**正态分布**. 例如，测量的误差、炮弹的弹落点等.

若总体的概率分布是正态分布，记为 $X \sim N(\mu, \sigma^2)$. 其密度函数为

$$\varphi(x) = \frac{1}{\sqrt{2\pi}\sigma} e^{-\frac{(x-\mu)^2}{2\sigma^2}}$$

其中，μ 为总体的均值；σ^2 为总体的方差；σ 为总体的标准差.

特别地，当 $\mu = 0$、$\sigma = 1$ 时的正态分布称为**标准正态分布**，记为 $X \sim N(0, 1)$. 其密度函数为

$$\varphi(x) = \frac{1}{\sqrt{2\pi}} e^{-\frac{x^2}{2}}$$

正态分布的密度曲线称为**正态曲线**. 正态曲线的形状完全由参数 μ 和 σ 确定，图 2.4 中画出了 3 条正态曲线，它们的 μ 都等于 1，σ 分别等于 0.5，1，2.

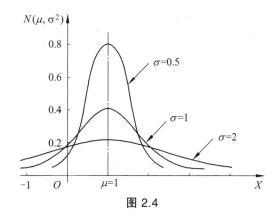

图 2.4

从图 2.4 可以看出，正态曲线具有以下性质：
（1）曲线位于 X 轴的上方，并且关于直线 $x = \mu$ 对称；
（2）曲线在 $X = \mu$ 时处于最高点，并由此向左右两边

延伸时，曲线逐渐降低，呈现"中间高、两边低"的形状.
参数 σ 决定了曲线的形状，σ 越大，曲线越"矮胖"（即
分布越分散）；σ 越小，曲线越"高瘦"（即分布越集中于
μ 的附近）.

可以证明，若 $X \sim N(\mu, \sigma^2)$，则有：

（1）$P(\mu - \sigma < X < \mu + \sigma) = 0.682\ 6$ （2.5）

（2）$P(\mu - 2\sigma < X < \mu + 2\sigma) = 0.954\ 4$ （2.6）

（3）$P(\mu - 3\sigma < X < \mu + 3\sigma) = 0.997\ 4$ （2.7）

如图 2.5 所示，若 $X \sim N(\mu, \sigma^2)$，则 X 以 99.7% 的概
率落在 $(\mu - 3\sigma, \mu + 3\sigma)$ 内. 也就是说，X 的可取值几乎全
部落在 $(\mu - 3\sigma, \mu + 3\sigma)$ 内. 这就是统计中的 3σ 原则.

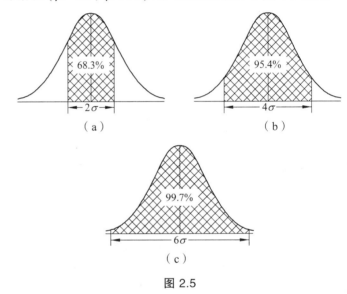

图 2.5

由于 X 的值落在 $(\mu - 2\sigma, \mu + 2\sigma)$ 之外的概率为
$1 - 0.954 = 0.046$，X 的值落在 $(\mu - 3\sigma, \mu + 3\sigma)$ 之外的概率
为 $1 - 0.997 = 0.003$，这些概率很小，都不超过 5%，因此，
事件 $X < \mu - 2\sigma$ 和 $X > \mu + 2\sigma$ 都称为小概率事件.

例 1 已知一批钢管的内径尺寸 $X \sim N(25.40, 0.05^2)$，
从中随机抽取 1 000 根钢管，试推算内径在以下范围内的
钢管数：

（1）$(25.40 - 0.05, 25.40 + 0.05)$；

（2）$(25.40 - 2 \times 0.05, 25.40 + 2 \times 0.05)$.

解 因为 $X \sim (25.40, 0.05^2)$，则

$$\mu = 25.40, \quad \sigma = 0.05$$

所以　　　$\mu - \sigma = 25.40 - 0.05, \mu + \sigma = 25.40 + 0.05$；

$\mu - 2\sigma = 25.40 - 2 \times 0.05, \mu + 2\sigma = 25.40 + 2 \times 0.05$

（1）由式（2.5）知，钢管的内径落在（ $25.40-0.05$, $25.40+0.05$ ）内约有 $0.682\,6\times1\,000\approx683$ （个）.

（2）由式（2.6）知，钢管的内径落在（ $25.40-2\times0.05$, $25.40+2\times0.05$ ）内约有 $0.954\,4\times1\,000\approx954$ （个）.

习题 2.4

1. 已知某种型号卡车轮胎的使用寿命 $X\sim N(36\,203,\,4\,827^2)$ （单位：km），从中任取 500 个轮胎，试推算使用寿命在以下范围内的轮胎个数：

（1）（ $36\,203-2\times4\,827, 36\,203+2\times4\,827$ ）；

（2）（ $36\,203-3\times4\,827, 36\,203+3\times4\,827$ ）.

2. 某商店购进一批灯泡，其使用寿命 $X\sim N(1\,000,\sigma^2)$ （单位：h），从中任取一个灯泡，其使用寿命在 $850\sim1\,150$ h 的概率为 99.7%，求总体的方差 σ^2.

主要知识点小结

本章主要内容是抽样方法、常用统计量、总体分布的估计和正态分布.

（1）本章介绍了抽签法、系统抽样法和分层抽样法，3 种方法的共同特点是在抽样过程中每个个体被抽取的概率相等，体现了这些抽样方法的客观性和公平性. 简单随机抽样是最简单、最基本的抽样方法，当总体中的个体数较少时，常采用抽签法；当总体中的个体数较多时，常采用系统抽样法；当已知总体由差异明显的几部分组成时，常采用分层抽样法.

（2）常用统计量中，样本均值 $\overline{X} = \dfrac{1}{n}\sum\limits_{i=1}^{n} X_i$ 反映了样本的平均状态，常用于估计总体的均值. 样本方差 $S^2 = \dfrac{1}{n-1}\sum\limits_{i=1}^{n}(X_i - \overline{X})^2$ 以及样本标准差 $S = \sqrt{\dfrac{1}{n-1}\sum\limits_{i=1}^{n}(X_i - \overline{X})^2}$ 反映了样本在均值附近的波动情况，常用于估计总体的方差及总体的标准差.

（3）总体分布反映了总体在各个范围内取值的概率. 由于总体分布通常不易知道，我们往往是用样本的频率分布去估计总体分布. 实际应用中常用频率直方图来表示相应样本的频率分布，一般样本容量越大，这种估计就越精确.

（4）正态分布在现实生活中有着广泛的应用. 正态分布常记为 $X \sim N(\mu, \sigma^2)$，其中参数 μ 为总体的均值，σ^2 为总体的方差，σ 为总体的标准差. 正态曲线位于 X 轴的上方，且关于直线 $X = \mu$ 对称. 利用统计中的 3σ 原则：

$$P(\mu - \sigma < X < \mu + \sigma) = 0.682\ 6;$$

$$P(\mu - 2\sigma < X < \mu + 2\sigma) = 0.954\ 4;$$

$$P(\mu - 3\sigma < X < \mu + 3\sigma) = 0.997\ 4$$

可以完成相关区域内的数据估算问题.

测试题 2

1. 一工厂 3 个车间共有职工 550 人，且 3 个车间人数之比为 2∶3∶5，若用分层抽样法从中抽得一个容量为 50 的样本，则 3 个车间分别应抽取多少人？

2. 某混凝土强度等级为 C30，测得该批混凝土各组试块 28 天的抗压强度值（单位：MPa）分别为 32.1，36.0，35.4，35.3，39.2，34.0，28.5，26.6，36.0，求样本的极差、平均值和标准差.

3. 有一个容量为 50 的样本，数据的分组及各组的频数如下：

[12.5, 15.5) 2；[15.5, 18.5) 8；[18.5, 21.5) 9；
[21.5, 24.5) 12；[24.5, 27.5) 11；[27.5, 30.5) 5；
[30.5, 33.5) 3.

（1）列出样本的频率分布表；

（2）绘出频率直方图；

（3）估算数据落在 [15.5, 27.5) 的概率值.

4. 已知某种型号螺栓的长度 $X \sim N(10.05, 0.06^2)$（单位：cm），从中任取 800 根螺栓，试推算长度在以下范围内的螺栓个数：

（1）$(10.05 - 2 \times 0.06, 10.05 + 2 \times 0.06)$；

（2）$(10.05 - 3 \times 0.06, 10.05 + 3 \times 0.06)$.

3　数值计算初步

　　人类的社会活动和生产活动,推动着科学技术的发展,数值算法在这一历史长河中从过去粗浅的低级阶段逐渐发展到今天电子计算机时代的高速发展阶段,而且以更精确、更快速的方式不断发展,完成了过去难以置信的科学计算成果.所谓数值算法或数值计算,简单地说,就是实际问题在某种程度上的一种近似解的解法,它在实际中有着广泛的应用.

　　本章重点讨论数值计算的基本意义与误差估计、插值法和线性回归法以及它们在工程计算中的基本应用.

3.1　误　差

3.1.1　数值计算的意义

以圆周率 π 为例，人类为之奋斗了几千年，对它的探索体现了文明标志的各个里程碑.

在古代，我国为了度量路程长短，发明了"记里鼓"，那时人们通过绳索直接度量便得出"周三径一"的结论，也就是给出的圆周率的值为 3.

公元前 3 世纪，古希腊数学家、力学家阿基米德用圆的内接正多边形和外切正多边形的方法来逼近圆的周长，得到圆周率的值介于 $\frac{223}{71}$ 和 $\frac{22}{7}$ 之间，大约为 3.14.

魏晋时期，数学家刘徽在他的《九章算术注》中提出著名的割圆术，以 3 072 条边的正内接多边形的面积逼近圆的面积，得到圆周率的值为 $\frac{3\,972}{1\,250} = 3.141\,6$.

公元 5 世纪，我国南北朝时期的著名数学家祖冲之，应用刘徽的割圆术，以内接正 12 288 边形和正 24 576 边形的面积来计算，得到的圆周率在 3.141 592 6 和 3.141 592 7 之间，并以简捷的分数 $\frac{22}{7}$（粗率或约率）和 $\frac{355}{113}$（密率）给出.

随着新的计算思想、计算途径的出现，圆周率计算的新纪录不断出现. 目前，计算圆周率 π 的最新成果是通过计算机完成的. 日本东京大学教授金田康正已求到 2 061.584 3 亿位的小数值. 如果将这些数字打印在 A4 大小的复印纸上，令每页印 2 万位数字，那么，这些纸摞起来将高达五六百米.

近年来，随着现代科学技术的发展，特别是计算技术的发展，数学解决现实问题的能力大大增加，数学的应用已扩展到国民经济的各个领域.

由以上讨论可知，数学问题的解决离不开算法，而大量计算又离不开计算机。利用计算机处理问题，首先必须建立算法，即用计算机所实现的数值型的确定性算法.

课堂练习 3.1.1

1. 我国现代著名的数学家有哪些？取得了哪些成就？

2. 我们平时到集贸市场购买水果等物品时，你认为称重用电子秤好还是杆秤好？

3.1.2　误差来源

由于人们认识能力和科学技术水平的局限性，在科学问题的研究及解决过程中，如在对某一现象进行测量时，所测得的数值与其真实值不完全相等，这种差异即为误差。误差是不可避免的. 但是随着科学技术水平的发展，以及人们认识水平的提高、实践经验的增加，误差可以被控制在很小的范围内，或者说测量值可以更接近其真实值.

一般来说，误差来源大致分为 3 个部分：

（1）测量误差：测量仪器本身和眼睛观察仪器等带来的误差；

（2）模型误差：实际问题在一定程度上近似建立的模型引起的误差；

（3）计算误差：数据的四舍五入、计算器及计算机在某一规定的计算范围进行计算引起的误差等.

例如，某人新买了一块手表，戴了一天后，手表慢了或快了 5 s，这 5 s 就是误差. 又如，某人买了一套设计标称 95 m^2 的商品房，交房验收时，实测面积为 94.81 m^2，实测面积比图纸标注面积少了 0.19 m^2，这少的面积就是误差.

课堂练习 3.1.2

1. 我们用直尺测量教室课桌的长和宽时，直尺读数一般可以精确到多少？

2. 我们在测量课实习时，两点间长度是如何度量的？

3.1.3 绝对误差和相对误差

1. 绝对误差

设 x 为准确值, x^* 为 x 的近似值, 把 $x^* - x$ 称为近似数 x^* 的**误差**. 而把

$$e^* = \left| x^* - x \right| \qquad (3.1)$$

称为近似数 x^* 的**绝对误差**. 在实际应用中, 可认为

$$误差 = 实测值 - 真值$$

例如, 在相同条件下, 观测三角形的内角. 已知三角形内角和等于 $180°$, 由于测量存在误差, 每一个三角形内角和的观测值 L_i 都不等于 $180°$, 其误差为 Δ_i, 即 $\Delta_i = L_i - 180°$. 在测量学中, Δ_i 称为**真误差**.

e^* 的大小标志着 x^* 的精确度. 一般在同一量的不同近似值中, e^* 越小, x^* 的精确度越高.

例 1 x 为准确值, x^* 为 x 的近似值, 计算下列近似值 x^* 的绝对误差:

（1）已知 $x = 1.414$, $x^* = 1.425$;

（2）已知 $x = 2.712\,8$, $x^* = 2.734\,3$.

解 （1） x^* 的绝对误差为

$$e_1^* = \left| 1.425 - 1.414 \right| = 0.011$$

（2） x^* 的绝对误差为

$$e_2^* = \left| 2.734\,3 - 2.712\,8 \right| = 0.021\,5$$

2. 相对误差

某同学用钢尺量了 $100\ \text{mm}$ 和 $1\,000\ \text{mm}$ 的两段距离, 其观测值的绝对误差均为 $0.1\ \text{mm}$, 显然不能认为这两段不同长度的距离丈量的精度相同, 因为量距的误差与其长度有关.

考虑比值:

$$K_1 = \frac{0.1}{100} = \frac{1}{1\,000}$$

该式的意义可理解为: 测量 $1\,000\ \text{mm}$, 误差 $1\ \text{mm}$.

$$K_2 = \frac{0.1}{1\,000} = \frac{1}{10\,000}$$

该式的意义可理解为：测量 10 000 mm，误差 1 mm.

很明显，后者的精度高于前者. 于是，我们引进相对误差：

$$e_r^* = \frac{|x^* - x|}{x} \qquad (3.2)$$

e_r^* 称为近似数 x^* 的**相对误差**，一般用百分数表示. 在实际计算中，一般不知道准确值 x，故在计算相对误差时，分母 x 也常用 x^* 近似代替，即用 $e_r^* = \frac{|x^* - x|}{x} \approx \frac{|x^* - x|}{x^*}$ 来计算相对误差，条件是 e_r^* 比较小.

例2 计算例1中近似值 x^* 的相对误差.

解 （1） x^* 的相对误差为

$$e_r^* = \frac{e^*}{x} = \frac{0.011}{1.425} \approx 0.007\,72 \approx 0.78\%$$

（2） x^* 的相对误差为

$$e_r^* = \frac{e^*}{x} = \frac{0.0215}{2.712\,8} \approx 0.007\,93 \approx 0.79\%$$

3.1.4 绝对误差限和相对误差限

在实际情况下，准确值 x 的数值往往不知道，故绝对误差和相对误差往往无法求出，但我们可以根据测量工具或计算情况估计出误差的绝对值不超过某个正数 ε，也就是误差绝对值的一个上限，即近似数比准确数"多"或"少"的误差值的绝对值不会超过某一数值，此正数 ε 叫作近似值的**绝对误差限**. 对于一般情形，有 $|x^* - x| \leqslant \varepsilon$，即 $x^* - \varepsilon \leqslant x \leqslant x^* + \varepsilon$，此不等式有时也表示为

$$x = x^* \pm \varepsilon \qquad (3.3)$$

它表示近似值的精度或准确值的所在范围.

例3 用毫米刻度的米尺测量一长度 x 时，读数为 $x^* = 23$ mm，它的绝对误差限是 0.5 mm，求真值 x 的取值范围.

解 由 $|x^* - x| \leqslant 0.5$ 得

$$|23 - x| \leqslant 0.5$$

即 $$22.5 \leqslant x \leqslant 23.5$$

此式说明真值 x 在区间 $[22.5, 23.5]$ 内.

相应地，相对误差的上限叫作**相对误差限**，记作 ε_r. 即 x^* 为准确值 x 的近似值，计算绝对误差限和相对误差限 ε、ε_r 的算式为

$$e^* = \left| x^* - x \right| \leqslant \varepsilon \qquad (3.4)$$

$$e_r^* = \left| \frac{x^* - x}{x} \right| \leqslant \frac{\varepsilon}{x} = \varepsilon_r \qquad (3.5)$$

准确值 x 一般不知道，故在计算相对误差限时常用 x^* 代替 x，也用公式

$$e_r^* = \left| \frac{x^* - x}{x} \right| \leqslant \frac{\varepsilon}{x} \approx \frac{\varepsilon}{x^*} = \varepsilon_r \qquad (3.6)$$

来进行相对误差限 ε_r 的近似计算.

例 4 已知 $\pi = 3.141\,592\,6\cdots$，取 π 的近似值 $\pi^* = 3.141\,6$，试计算 π^* 的绝对误差限和相对误差限.

解 由式（3.4）和式（3.5）得

$$\varepsilon^* = \left| \pi^* - \pi \right| = \left| 3.141\,6 - 3.141\,592\,6\cdots \right|$$
$$\approx 7.346\,41 \times 10^{-6} \leqslant 7.35 \times 10^{-6}$$

可取 π^* 的绝对误差限 $\varepsilon = 7.35 \times 10^{-6}$.

$$\varepsilon_r^* = \left| \frac{\pi^* - \pi}{\pi} \right| \leqslant \frac{7.35 \times 10^{-6}}{\pi} \leqslant 2.34 \times 10^{-6}$$

可取 π^* 的相对误差限 $\varepsilon_r = 2.34 \times 10^{-6}$.

显然，绝对误差限和相对误差限不是唯一的，但一般希望尽可能估计出的绝对误差限和相对误差限越小越好，这样近似数的精度就会越高. 误差估计的任务就在于提供一个尽可能小的误差限，从而确定近似数 x^* 的那些数字是准确可靠的.

一般地，为了提高计算精度，防止误差扩大与传播，需注意以下几点：

（1）避免两相近数相减.

（2）在作乘法运算时，乘数的绝对值应选择小的；在作除法运算时，除数的绝对值应尽可能选择大的，以避免结果误差扩大.

（3）算法设计应尽量减少计算量，且要避免出现"溢出".

课堂练习 3.1.3

1. 试举例说明绝对误差和相对误差的区别.

2. 我们用直尺测量课本的长和宽时，绝对误差一般不会超过多少？

习题 3.1

1. 甲、乙两名同学分别测量 $100\,\mathrm{m}$ 的跑道长度和约为 $2\,\mathrm{m}$ 的跳高横杆离地面的高度，已知甲测量跑道的绝对误差为 $4\,\mathrm{cm}$，乙测量跳高高度的绝对误差为 $1\,\mathrm{cm}$，你认为甲、乙同学哪个测量的准确度高（绝对误差小）？哪个同学测量的精密度高（相对误差小）？

2. 若 $\alpha=(\sqrt{2}-1)^6$，取 $\sqrt{2}\approx1.4$（近似值），利用下列计算式来计算 α 的近似值，并与真值比较，哪个算式结果最好？

$$\frac{1}{(\sqrt{2}+1)^6},\ (3-2\sqrt{2})^3,\ \frac{1}{(3+2\sqrt{2})^3},\ 99-70\sqrt{2}$$

3. 设准确值为 x，x 的近似值为 x^*，计算下列近似值的绝对误差限和相对误差限.

（1）$x=2.718\,281\,8$，$x^*=2.718\,282$；

（2）$x=102.354$，$x^*=102.35$.

3.2　有效数字

3.2.1　有效数字

在科学实验中，我们通过某种仪器测量得到的数据，就是把测量结果中可靠的几位数字加上可疑（估读）的一位数字统称为测量结果的有效数字. 例如，用毫米刻度尺测量某物体长度得到 53.6 mm，53 mm 是准确可靠的数字，末位数字 6 是估读的、不可靠的数字.

1. 精确度

利用四舍五入法取一个数的近似数时，四舍五入到哪一位，就说这个近似数精确到哪一位.

2. 有效数字

对于一个近似数，从左边第一个不是 0 的数字起，到精确到的数位止，所有的数字都叫作这个数的**有效数字**.

通常，可以用四舍五入的方法取准确值 x 的前 n 位作为它的近似值 x^*，则 x^* 有 n 位有效数字，其中每一位数字（包括后面的零）都叫作 x^* 的有效数字.

例 1　设 $x = 5.369\,73$，则

取 2 位，$x_1^* = 5.4$，有效数字为 2 位；

取 3 位，$x_2^* = 5.37$，有效数字为 3 位；

取 4 位，$x_3^* = 5.370$，有效数字为 4 位；

取 5 位，$x_4^* = 5.369\,7$，有效数字为 5 位.

注意：

（1）有效数字的位数与小数点位置无关. 例如，1.006 m，21.60 cm，216.5 mm，0.216 5 m 均是 4 位有效数字；0.036 m，0.65 cm，0.008 6 kg 均是 2 位有效数字.

（2）近似值后面的零不能随便省去. 例如，3.16 和 3.160 0，前者精确到 0.01，有 3 位有效数字，后者精确到 0.000 1，有 5 位有效数字.

课堂练习 3.2.1

试用直尺测量课桌的长度和宽度，精确到毫米.

3.2.2　科学计数法

通常把一个数写成含有一位整数的小数与相应的 10 的幂的乘积，乘号前面的数字为有效数字．这种表示数的方法叫作**科学计数法**．有效数字的位数可用科学计数法表示．

例如，3.200×10^6 表示 4 位有效数字；9.20×10^2 表示 3 位有效数字；2.00×10^3 表示 3 位有效数字．

例 2　按下述要求用科学计数法表示下列各数．

（1）1 230（保留 3 位有效数字）；

（2）57 285（保留 4 位有效数字）；

（3）0.320 56（保留 3 位有效数字）；

（4）423.352 6（保留 5 位有效数字）．

解　（1）$1\,230 \approx 1.23 \times 10^3$；

（2）$57\,285 \approx 5.729 \times 10^4$；

（3）$0.320\,56 \approx 3.21 \times 10^{-1}$；

（4）$423.352\,6 \approx 4.233\,5 \times 10^2$．

在工程计算中，中间计算过程的小数位数一般要求比最后结果要求的小数位数多保留一位小数．

例 3　根据四舍五入法写出下列各数具有 5 位有效数字的近似数．

$$\sqrt{2} = 1.414\,213\,562\cdots$$

$$\sqrt{3} = 1.732\,050\,808\cdots$$

$$\pi = 3.141\,592\,653\cdots$$

解　$(\sqrt{2})^* = 1.414\,2$；$(\sqrt{3})^* = 1.732\,1$；$(\pi)^* = 3.141\,6$

课堂练习 3.2.2

观察计算器上小数点位数的设定，并在计算器上操作确定 $\sqrt{2}$ 分别保留小数点后 4 位小数和 6 位小数的近似值．

习题 3.2

1. 下列数据作为经过四舍五入得到的近似数，试指出它们有几位有效数字.

$$x_1^* = 1.102\,1;\ x_2^* = 0.031;\ x_3^* = 385.6$$

2. 用科学计数法写出下列数字（具有 4 位有效数字）.

$$x_1^* = 3\,421;\ x_2^* = 32\,331;\ x_3^* = 385.6$$

3. 用计算器计算下列各式的值，计算结果保留 2 位小数.

（1）$\dfrac{217 \times 10^3}{0.7 \times 8 \times (2 \times 292 + 400)}$；

（2）$\sqrt{\left(\dfrac{107.5 + 39.4}{1.22}\right)^2 + 104.9^2}$；

（3）$\sqrt{\left(\dfrac{37.5}{75.8}\right)^2 + \left(\dfrac{66.7}{122.3}\right)^2}$.

4. 已知 A 点坐标 $X_A = 1\,000$ m，$Y_A = 1\,000$ m，方位角 $\alpha_{AB} = 35°17'36''$，水平距离 $D_{AB} = 200.416$ m. 试利用下列两组计算式：

（1）$\begin{cases} \Delta X_{AB} = D_{AB} \cos \alpha_{AB} \\ \Delta Y_{AB} = D_{AB} \sin \alpha_{AB} \end{cases}$；　（2）$\begin{cases} X_B = X_A + \Delta X_{AB} \\ Y_B = Y_A + \Delta Y_{AB} \end{cases}$

来计算 B 点坐标（X_B，Y_B）.

5. 将下面数据保留 4 位有效数字.

3.141 6，6.343 6，7.510 50，9.691 499

3.3 插值法

在实际问题中,大量函数关系是用表格给出的,如观察或试验得到的数据表格.由于客观条件的限制,所测得的数据不够细密,满足不了实践的需要,这时可以通过插值法对数据作加密处理.另外,函数表达式虽给定,但计算复杂,因此根据数值,需要找出既反映原函数特征又便于计算的简单函数去近似原函数,这就要用到插值法.插值法是广泛应用于理论研究和工程实践的重要的数值方法.

在工程计算中,往往需要利用表格查找某个参数的未知值,而表格又不可能给出所有的参数值,如表3.1所示.

表 3.1

a	0.34	0.37
b	0.45	0.42

当 $a = 0.35$ 时,需要用到参数 b 的相应值,此时表格没有给出对应的参数 b 的值.这时就要在 0.34 ~ 0.37 之间插入数 0.35,再来估算此点对应的参数 b 的值.此时就要用到插值法.

3.3.1 一次插值公式

在实践中,通过试验观察得到一组数据,如表3.2所示.

表 3.2

x	x_0	x_1	x_2	$\cdots$	x_n
y	y_0	y_1	y_2	$\cdots$	y_n

如何根据表 3.2 中的数据 $(x_i, y_i)(i = 1, 2, \cdots, n)$,找出 x 与 y 之间的函数关系 $y = f(x)$,进而计算出某点附近的函数值,这就要用到插值法.

我们只讨论工程中常用的最简单情形.已知函数 $y = f(x)$ 在不同的两个点 x_0 和 x_1 处的函数值分别为 y_0 和 y_1,欲求 $f(x)$ 在 x_0 和 x_1 附近某点 x 的值.因为 $f(x)$ 本身表达式太复杂,甚至未给出,我们只能近似计算 $f(x)$ 的值,就要寻求一个次数不超过一次的函数 $y = ax + b$,使其满足

$$y\big|_{x=x_0} = y_0; \quad y\big|_{x=x_1} = y_1$$

即用 $y = ax + b$ 在局部来近似代替 $f(x)$，通过计算一次函数在点 x 的值，来代替 $y = f(x)$ 在点 x 处的准确值.

称 $y = ax + b$ 为一次插值或线性插值公式，x_i 称为插值点.

从几何意义上看（见图 3.1），一次插值就是在局部很小的范围内，用直线近似代替曲线. 我们用点斜式写出过点 (x_0, y_0) 和 (x_1, y_1) 的直线方程为

$$y = y_0 + \frac{y_1 - y_0}{x_1 - x_0}(x - x_0) \tag{3.7}$$

称式（3.7）为一次插值公式.

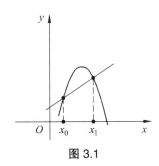

图 3.1

例 1　已知函数表 3.3.

表 3.3

x	0.5	0.6
y	0.479 43	0.564 64

用一次插值公式求函数 $y = f(x)$ 在 $x = 0.57$ 处的近似值.

解　令 $x_0 = 0.5, y_0 = 0.479\,43$；$x_1 = 0.6, y_1 = 0.564\,64$，代入插值公式得

$$y = 0.479\,43 + \frac{0.564\,64 - 0.479\,43}{0.6 - 0.5} \times (0.57 - 0.5)$$

$$\approx 0.539\,08$$

例 2　根据表 3.4 给出的值，用线性插值公式计算 $\sqrt{5}$.

表 3.4

x	1	4	9	16
y	1	2	3	4

解 取离 $x = 5$ 最近的两点 $x_0 = 4$，$x_1 = 9$ 为插值点，运用式（3.7）得

$$\sqrt{5} \approx 2 + \frac{3-2}{9-4} \times (5-4) = 2.2$$

用计算器计算 $\sqrt{5}$ 的准确值为

$$\sqrt{5} = 2.236\,06\cdots$$

比较上面两个结果可以看出，用插值公式计算的结果与准确值作比较，差别不是太大. 所以，用插值公式进行计算，可以满足工程计算中一定的精度要求.

课堂练习 **3.3.1**

1. 用插值法时，插值点一般如何选定比较好？
2. 通过插值法计算出的近似值，与原值之间有差别吗？

3.3.2 工程中的计算实例

在很多工程计算中，需要估算一些参数值，这时就要用到插值法.

已知参数 α_1 和 α_2 的值，通过已知数据表，查表可得到相应的参数 β_1 和 β_2 的值，若介于 α_1 与 α_2 之间的 α 已知时，需求出相应的 β 值，表上没有列出，如何求得？

工程上常用插值公式画比例线段方法来计算参数值，如图 3.2 所示. 即由比例式

$$\frac{\beta - \beta_1}{\alpha - \alpha_1} = \frac{\beta_2 - \beta_1}{\alpha_2 - \alpha_1}$$

得

$$\beta = \beta_1 + \frac{\beta_2 - \beta_1}{\alpha_2 - \alpha_1}(\alpha - \alpha_1)$$

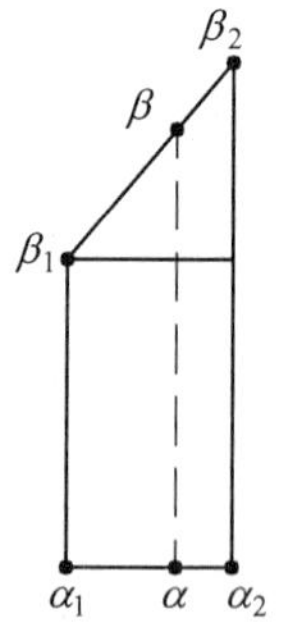

图 3.2

在桥涵设计中，需要根据不同的 γ 值计算出对应的影响线竖标值，并编成表格供设计用. 表 3.5 为 9 块铰接板桥荷载横向影响线竖标值.

表 3.5

	γ	η_{11}	η_{12}	η_{13}	η_{14}	η_{15}	η_{16}	η_{17}	η_{18}	η_{19}
					9 块铰接板桥荷载横向影响线竖标值表					
板 9-1	0.01	0.185	0.162	0.136	0.115	0.098	0.086	0.077	0.072	0.069
	0.02	0.236	0.194	0.147	0.113	0.088	0.070	0.057	0.049	0.046
	0.04	0.306	0.232	0.155	0.104	0.070	0.048	0.035	0.026	0.023
	0.06	0.355	0.254	0.154	0.094	0.057	0.035	0.023	0.015	0.012
	0.08	0.392	0.268	0.150	0.084	0.047	0.027	0.015	0.010	0.007
	0.10	0.423	0.277	0.144	0.075	0.039	0.020	0.011	0.006	0.004
	γ	η_{21}	η_{22}	η_{23}	η_{24}	η_{25}	η_{26}	η_{27}	η_{28}	η_{29}
板 9-2	0.01	0.162	0.158	0.141	0.119	0.102	0.099	0.081	0.075	0.072
	0.02	0.194	0.189	0.160	0.122	0.095	0.075	0.062	0.053	0.049
	0.04	0.232	0.229	0.181	0.121	0.082	0.057	0.040	0.031	0.026
	0.06	0.254	0.255	0.194	0.118	0.072	0.044	0.028	0.019	0.015
	0.08	0.268	0.274	0.202	0.113	0.063	0.036	0.021	0.013	0.010
	0.10	0.277	0.290	0.208	0.108	0.056	0.029	0.016	0.009	0.006
	γ	η_{31}	η_{32}	η_{33}	η_{34}	η_{35}	η_{36}	η_{37}	η_{38}	η_{39}
板 9-3	0.01	0.136	0.141	0:142	0.129	0.111	0.097	0.087	0.081	0.077
	0.02	0.147	0.160	0.164	0.141	0.110	0.087	0.072	0.062	0.057
	0.04	0.155	0.181	0.195	0.159	0.108	0.074	0.053	0.040	0.035
	0.06	0.154	0.194	0.219	0.172	0.105	0.065	0.041	0.028	0.023
	0.08	0.150	0.202	0.237	0.182	0.102	0.058	0.033	0.021	0.015
	0.10	0.144	0.208	0.254	0.190	0.099	0.052	0.028	0.016	0.011
	γ	η_{41}	η_{42}	η_{43}	η_{44}	η_{45}	η_{46}	η_{47}	η_{48}	η_{49}
板 9-4	0.01	0.115	0.119	0.129	0.133	0.123	0.108	0.097	0.090	0.086
	0.02	0.113	0.122	0.141	0.152	0.134	0.106	0.087	0.075	0.070
	0.04	0.104	0.121	0.159	0.182	0.151	0.104	0.074	0.057	0.048
	0.06	0.094	0.118	0.172	0.208	0.165	0.102	0.065	0.044	0.035
	0.08	0.084	0.113	0.182	0.226	0.176	0.099	0.058	0.036	0.027
	0.10	0.075	0.108	0.190	0.244	0.185	0.097	0.052	0.029	0.020
	γ	η_{51}	η_{52}	η_{53}	η_{54}	η_{55}	η_{56}	η_{57}	η_{58}	η_{59}
板 9-5	0.01	0.098	0.102	0.111	0.123	0.131	0.123	0.111	0.102	0.098
	0.02	0.088	0.095	0.110	0.134	0.148	0.134	0.110	0.095	0.088
	0.04	0.070	0.082	0.108	0.151	0.178	0.151	0.108	0.082	0.070
	0.06	0.057	0.072	0.105	0.165	0.203	0.165	0.105	0.072	0.057
	0.08	0.047	0.063	0.102	0.176	0.224	0.176	0.102	0.063	0.047
	0.10	0.039	0.056	0.095	0.185	0.242	0.185	0.099	0.056	0.039

注：① 该表为铰接板桥荷载横向影响线竖标的一部分，可供参考；
② 横向影响线竖标值 η_{ik}，第 1 个脚标 i 表示所要求的板号，第 2 个脚标 k 表示受单位正弦荷载作用的板号，板的竖标应绘在板的中轴线处.

查表可以得到：

当 $\gamma = 0.02$ 时，$\eta_{11} = 0.236$，$\eta_{12} = 0.194$，…

当 $\gamma = 0.04$ 时，$\eta_{11} = 0.306$，$\eta_{12} = 0.232$，…

当 γ 的对应值未在表中出现，如 $\gamma = 0.024$ 时，相应的 η_{ik} 值就要用插值法来计算.

例3 利用表 3.5 中的数据来计算当 $\gamma = 0.024$ 时，相应的 η_{11} 和 η_{12} 的值.

解 用插值公式计算，取数据点（0.02，0.236），（0.04，0.306）. 当 $\gamma = 0.024$ 时，代入插值公式计算：

$$\eta_{11} = 0.236 + \frac{0.306 - 0.236}{0.04 - 0.02} \times (0.024 - 0.02) = 0.250$$

同理得

$$\eta_{12} = 0.194 + \frac{0.232 - 0.194}{0.04 - 0.02} \times (0.024 - 0.02) = 0.202$$

3.3.3 二次插值

已知数据点更多，精度要求更高时，可以考虑二次插值.

已知 3 个插值节点 (x_0, y_0)，(x_1, y_1)，(x_2, y_2)，用抛物线近似代替曲线，得 Langrang 二次插值公式：

$$L_2(x) = \frac{(x - x_1)(x - x_2)}{(x_0 - x_1)(x_0 - x_2)} y_0 + \frac{(x - x_0)(x - x_2)}{(x_1 - x_0)(x_1 - x_2)} y_1 +$$

$$\frac{(x - x_0)(x - x_1)}{(x_2 - x_0)(x_2 - x_1)} y_2 \tag{3.8}$$

其几何意义为：用过 3 点的抛物线代替曲线，如图 3.3 所示。

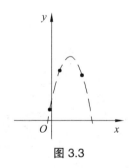

图 3.3

例4 已知 $f(0) = 1$，$f(1) = 2$，$f(2) = 4$，求 $f(x)$ 的二次插值公式 $L_2(x)$，并求 $L_2(1.5)$.

解 将数据代入二次插值公式，计算整理可得

$$L_2(x) = \frac{1}{2}x^2 + \frac{1}{2}x + 1$$

故　$L_2(1.5) = 2.875$

例5　已知 $y_1 = \ln 1.5 = 0.405\ 465$，$y_2 = \ln 1.7 = 0.530\ 628$，$y_3 = \ln 1.8 = 0.587\ 787$，试用线性插值和二次插值分别计算 $\ln 1.6$ 的值.

解　已知 3 点 $A(1.5, 0.405\ 465)$，$B(1.7, 0.530\ 628)$，$C(1.8, 0.587\ 787)$，由于 1.5<1.6<1.7，取 A、B 两点作一次插值，由一次插值公式得

$$L_1(x) = \frac{x-1.7}{1.5-1.7} \times 0.405\ 465 + \frac{x-1.5}{1.7-1.5} \times 0.530\ 628$$

故　$L_1(1.6) = 0.468\ 046\ 5$

再取 A、B、C 3 点作二次插值，由式（3.8）得

$$L_2(x) = \frac{(x-1.7)(x-1.8)}{(1.5-1.7)(1.5-1.8)} \times 0.405\ 465 +$$
$$\frac{(x-1.5)(x-1.8)}{(1.7-1.5)(1.7-1.8)} \times 0.530\ 628 +$$
$$\frac{(x-1.5)(x-1.7)}{(1.8-1.5)(1.8-1.7)} \times 0.587\ 787$$

故　$L_2(1.6) = 0.469\ 854$

而真值 $\ln 1.6 = 0.470\ 003\ 629\cdots$

故　$e_1 = L_1(1.6) - \ln 1.6 = -0.2 \times 10^{-2}$

　　$e_2 = L_2(1.6) - \ln 1.6 = -0.15 \times 10^{-2}$

由此可看出，二次插值比一次插值要更精确.

在工程计算中，有时还会多次用到一次插值，有时也会用到三次样条插值等方法，有兴趣的读者可参考有关书籍.

课堂练习 3.3.3

在中学阶段，我们可以通过《中学生数学用表》查找三角函数值，现在我们通过计算器来计算三角函数值，那么计算器是如何计算这些大量的函数值的呢？

习题 3.3

1. 试利用 100、121 的平方根，求 $\sqrt{115}$ 的近似值.

2. 已知数据如表 3.6 所示，用一次插值公式求 $a = 6.16$ 时 b 的近似值.

表 3.6

a	6.24	5.98
b	0.37	0.42

3. 设函数 $y = f(x)$ 的数表如表 3.7 所示，试用二次插值公式计算 $f(0.3)$ 的值.

表 3.7

x	0	0.5	1
y	1	0.8	0.5

4. 利用表 3.5 中的数据，计算板 9-2 中当 $\gamma = 0.048$ 时，相应的 η_{21}、η_{22} 的值.

3.4 线性回归

3.4.1 回归分析

两个变量间的关系存在,如圆的面积与半径之间的函数关系 $S = \pi r^2$ 就是一种确定性关系.

两个变量间还有另外一种非确定关系,如人体的身高和体重之间的关系. 一般地,人高一些,体重会重一些,但同样身高的人,体重并不一定相同,即使已知身高,也并不能确定体重. 如一块农田的水稻产量与施肥量的关系,水稻产量不仅受到施肥量的影响,还受到气候、浇水、虫害等影响. 因此,当施肥量一定时,水稻产量在取值上带有一定的随机性. 像这种自变量取值一定时,因变量的取值带有一定的随机性的两个变量之间的关系叫作**相关关系**. 与函数关系不同,相关关系是一种非确定关系. 对具有非确定关系的两个变量进行统计分析的方法叫作**回归分析**.

在科学研究中,往往要对大量数据进行回归分析,找出它们的规律性经验公式. 因为数据本身的误差,在对这些数据点运用插值法时,也会带来相应的误差.

回归分析研究因变量与自变量的相关关系,因变量是随机变量,自变量可以是控制或预测的变量. 例如,从试验数据本身出发,找出规律性的东西,如人的脚长与身高及体重的关系、成年人的血压与年龄的关系、商品销售量与价格的关系、农作物的产量与降雨量以及施肥量的关系等.

回归分析通常解决以下问题:

(1)确定因变量与一个或多个自变量之间的近似表达式,称之为回归方程或经验公式;

(2)用求得的回归方程对因变量进行预测或控制;

(3)进行因素分析,区别重要因素或次要因素.

我们主要讨论回归方程为线性表达式的一元线性回归方程.

3.4.2 最小二乘法

已知平面上 n 个点(n 个观察数据)分别为

$$(x_1, y_1), (x_2, y_2), \cdots, (x_n, y_n)$$

寻找函数 $f(x)$，使 $f(x)$ 在某种准则下与所有数据点最为接近，即曲线拟合得最好. 就是要求函数与数据点之差的平方和最小，即要求 $\sum\limits_{i=1}^{n}[f(x_i) - y_i]^2$ 最小. 这就是最小二乘法的基本思想.

例 1 为了研究某一化学反应过程中温度 x(℃) 对产品获得率 y(%) 的影响，测得数据如表 3.8 所示，试找出温度 x(℃) 与产品获得率 y(%) 之间的关系.

表 3.8

温度 x/℃	100	110	120	130	140	150	160	170	180	190
产品获得率 y/%	45	51	54	61	66	70	74	78	85	89

解 为了得出这些数据中所蕴含的规律性，我们以温度 x(℃) 为横坐标，以产品获得率 y(%) 为纵坐标，将这些数据点描绘在坐标系上，如图 3.4 所示，并称此图为散点图.

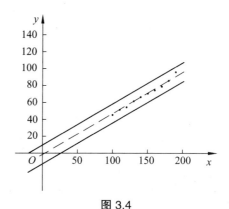

图 3.4

从图 3.4 可以看出，数据点大致落在一条直线附近，说明变量 x 与 y 之间的关系大致可看作是线性关系. 这些点又不完全在一条直线上，这表明 x 与 y 的关系还没有确切到给定 x 就可以唯一确定 y 的程度. 事实上，还有许多其他因素对获得率产生影响. 如果我们只研究 x 与 y 的关系，可以假定如下结构式：

$$y = a + bx + \varepsilon \qquad (3.9)$$

式中，a 和 b 为未知常数，ε 表示其他随机因素对获得率的影响.

确定不完全相同的值 $x_1, x_2, \cdots, x_n$ ，作独立试验得到 n 对观察结果

$$(x_1, y_1), (x_2, y_2), \cdots, (x_n, y_n)$$

其中，y_i 是 $x = x_i(i = 1, 2, \cdots, n)$ 处对随机变量 y 的观测结果.

回归分析的首要任务是通过观察结果来确定回归系数 a 与 b 的估计值，即确定计算公式.

误差的平方和记为 $Q(a, b)$ ，即

$$Q(a, b) = \sum_{i=1}^{n} \varepsilon_i^2 = \sum_{i=1}^{n} (y_i - a - bx_i)^2 \qquad （3.10）$$

此式刻画出所有观察值与回归直线偏离的程度，所谓最小二乘法就是确定系数 a 和 b ，使 $Q(a, b)$ 最小.

课堂练习 3.4.2

能否用解方程方法求解回归系数，为什么？

3.4.3　回归方程 $y = a+bx$ 中系数 a、b 的确定

把 $Q(a, b)$ 看作函数，利用微积分知识可得

$$\left.\begin{array}{l} b = \dfrac{\sum\limits_{i=1}^{n} (x_i - \overline{x})(y_i - \overline{y})}{\sum\limits_{i=1}^{n} (x_i - \overline{x})^2} = \dfrac{\sum\limits_{i=1}^{n} x_i y_i - n\overline{x}\,\overline{y}}{\sum\limits_{i=1}^{n} x_i^2 - n\overline{x}^2} \\ a = \overline{y} - b\overline{x} \end{array}\right\} \qquad （3.11）$$

或改写为

$$\begin{cases} b = \dfrac{L_{xy}}{L_{xx}} \\ a = \overline{y} - b\overline{x} \end{cases}$$

其中：

$$\left.\begin{array}{l} L_{xy} = \sum\limits_{i=1}^{n} (x_i - \overline{x})(y_i - \overline{y}) = \sum\limits_{i=1}^{n} x_i y_i - \dfrac{1}{n}\left(\sum\limits_{i=1}^{n} x_i\right)\left(\sum\limits_{i=1}^{n} y_i\right) \\ = \sum\limits_{i=1}^{n} x_i y_i - n\overline{x}\,\overline{y} \\ L_{xx} = \sum\limits_{i=1}^{n} (x_i - \overline{x})^2 = \sum\limits_{i=1}^{n} x_i^2 - \dfrac{1}{n}\left(\sum\limits_{i=1}^{n} x_i\right)^2 = \sum\limits_{i=1}^{n} x_i^2 - n\overline{x}^2 \end{array}\right\} \qquad （3.12）$$

由式（3.11）、式（3.12）计算例1中的回归系数 a 和 b，可得到回归方程：

$$y = -2.74 + 0.48x$$

当 $x = 100$ 时，由式（3.11）、式（3.12）计算得 y 的估算值为45.26，而实际值为45.

同样，当 $x = 110$ 时，y 的估算值为50.06，而实际值为51.

这表明通过回归方程 $y = -2.74 + 0.48x$ 作预测，还是基本符合实际的.

课堂练习 **3.4.3**

利用回归系数计算公式，重新计算例题 1 中的回归系数.

3.4.4　回归系数的计算方法

1. 列表计算

（1）将数据填入表格（见表3.9），依次计算，最后对列求和得 $\sum$ 的值.

表3.9

序号	x	y	xy	x^2	y^2
1	x_1	y_1	x_1y_1	y_1^2	y_1^2
2	x_2	y_2	x_2y_2	x_2^2	y_2^2
⋮	⋮	⋮	⋮	⋮	⋮
$\sum$	$\sum x_i$	$\sum y_i$	$\sum x_iy_i$	$\sum x_i^2$	$\sum y_i^2$

（2）再用式（3.11）与式（3.12）计算 a 与 b 的值，得到回归方程.

2. 直接用科学计算器回归系数的计算功能来计算

有关系数计算的操作方法见本书2.2节和3.4节.

3. 利用 Excel 的数据处理功能直接计算

例2　已知试验数据（见表3.10），求 y 对 x 的回归方程.

表3.10

序号	1	2	3	4	5
x_i	1.9	2.0	2.1	2.2	2.3
y_i	1.4	1.3	1.8	2.1	2.2

解 第1步：将数据整理，并计算列表3.11.

表 3.11

i	x	y	xy	x^2	y^2
1	1.9	1.4	2.66	3.61	1.96
2	2.0	1.3	2.60	4.0	1.69
3	2.1	1.8	3.78	4.41	3.24
4	2.4	2.1	4.62	4.84	4.41
5	2.3	2.2	5.06	5.29	4.84
$\sum$	10.5	8.8	18.72	22.15	16.14

第2步：计算回归系数.

$$\overline{x} = \frac{1}{5} \times 10.5 = 2.1 , \quad \overline{y} = \frac{1}{5} \times 8.8 = 1.76$$

$$L_{xy} = \sum_{i=1}^{n} x_i y_i - n\overline{x}\,\overline{y} = 18.72 - 5 \times 2.1 \times 1.76 = 0.24$$

$$L_{xx} = \sum_{i=1}^{n} x_i^2 - n\overline{x}^2 = 22.15 - 5 \times 2.1^2 = 0.1$$

$$b = \frac{L_{xy}}{L_{xx}} = \frac{0.24}{0.1} = 2.4$$

$$a = \overline{y} - b\overline{x} = 1.76 - 2.4 \times 2.1 = -3.28$$

故所求的线性回归方程为

$$y = -3.28 + 2.4x$$

例 3 某公司 2000—2009 年的某项产品销售额与广告费的支出如表 3.12 所示，如果 2010 年的广告费为 7.6 万元，试用回归分析法预测 2010 年的销售额是多少？

表 3.12

年份	2000	2001	2002	2003	2004	2005	2006	2007	2008	2009
销售额/万元	22	25	28	30	33	36	39	43	45	49
广告费/万元	2.5	3.2	3.5	3.3	3.8	4.2	5.1	5.4	5.8	6.1

解 第 1 步：将数据进行整理，相关计算结果填于表 3.13 中.

表 3.13

年　份	广告费/万元	销售额/万元			
	x	y	xy	x^2	y^2
2000	2.5	22	55	6.25	484
2001	3.2	25	80	10.24	625
2002	3.5	28	98	12.25	784
2003	3.3	30	99	10.89	900
2004	3.8	33	125.4	14.44	1 089
2005	4.2	36	151.2	17.64	1 296
2006	5.1	39	198.9	26.01	1 521
2007	5.4	43	232.2	29.16	1 849
2008	5.8	45	261	33.64	2 025
2009	6.1	49	298.9	37.21	2 401
	42.9	350	1 599.6	197.73	10 573

第 2 步：计算回归系数.

由相关计算式得

$$\overline{x} = 4.29 , \quad \overline{y} = 35$$

$$b = \frac{\sum_{i=1}^{n} x_i y_i - n\overline{x}\,\overline{y}}{\sum_{i=1}^{n} x_i^2 - n\overline{x}^2} = \frac{1\,599.6 - 10 \times 35 \times 4.29}{197.73 - 10 \times 4.29^2} = 7.17$$

$$a = \overline{y} - b\overline{x} = 35 - 7.17 \times 4.29 = 4.24$$

即回归方程为

$$y = 4.24 + 7.17x$$

第 3 步：进行回归分析预测.

将 $x = 7.6$ 代入回归方程得

$$y = 58.73（万元）$$

即当 2010 年企业广告费用计划为 7.6 万元时，预计销售额为 58.73 万元.

例 4 对 30 块混凝土试件进行强度试验，分别测定其抗压强度 R 和回弹值 N,试验结果如表 3.14 所示,试确定 R、N 之间的线性回归方程.

表 3.14

序　号	1	2	3	4	5	6	7	8	9	10
$x(N)$	27.1	27.5	30.3	31.0	35.7	35.4	38.9	37.6	26.9	25.0
$y(R)$/MPa	12.2	11.6	16.9	17.5	20.5	32.1	31.0	32.9	12.0	10.8
序　号	11	12	13	14	15	16	17	18	19	20
$x(N)$	28.0	31.0	32.2	37.8	36.6	36.6	24.2	31.0	30.4	33.3
$y(R)$/MPa	14.4	18.4	22.8	27.9	32.9	30.8	10.8	15.2	16.3	22.4
序　号	21	22	23	24	25	26	27	28	29	30
$x(N)$	37.2	38.4	37.6	22.9	30.5	30.4	29.7	36.7	37.8	36.0
$y(R)$/MPa	31.7	27.0	32.5	10.6	12.9	14.6	18.6	25.4	23.2	28.3

数据来源：路基路面试验检测技术.

解　计算回归系数：

$$\bar{x} = 32.46, \quad \bar{y} = 21.14$$

$$\sum_{i=1}^{n} x_i^2 = 32\,247.27, \quad \sum_{i=1}^{n} y_i^2 = 15\,232.64$$

$$\left(\sum_{i=1}^{n} x_i\right)^2 = 948\,091.69, \quad \left(\sum_{i=1}^{n} y_i\right)^2 = 402\,209.64$$

$$\sum_{i=1}^{n} x_i y_i = 21\,574.35, \quad \left(\sum_{i=1}^{n} x_i\right)\left(\sum_{i=1}^{n} y_i\right) = 617\,520.54$$

代入式（3.11）、式（3.12）得

$$L_{xx} = 644.21, \quad L_{yy} = 990.33$$

$$b = L_{xy}/L_{xx} = 1.537, \quad a = \bar{y} - b\bar{x} = -28.751$$

即回归方程为

$$y = -28.751 + 1.537x$$

把该方程 x 和 y 转换为实际问题的表示符号，即

$$R = -28.751 + 1.537N$$

回归系数 b 的物理意义是回弹值 N 每增加（减少）1，抗压强度增加（减少）1.537 MPa.

任何两个变量 x、y 的若干试验数据，都可以按上述方法配置一条回归直线，假如两个变量 x、y 之间根本不存在线性关系，那么所建立的回归方程就毫无实际意义. 因此，需要引入一个数量指标来衡量其相关程度，这个指标就是相关系数，用 r 表示，即

$$r = \frac{L_{xy}}{\sqrt{L_{xx}L_{yy}}}$$

式中，$L_{yy} = \sum_{i=1}^{n}(y_i - \overline{y})^2 = \sum_{i=1}^{n} y_i^2 - \frac{1}{n}\left(\sum_{i=1}^{n} y_i\right)^2$.

相关系数 r 是描述回归方程线性相关的密切程度指标，其取值范围为 $[-1, 1]$. r 的绝对值越接近 1，x 和 y 之间的线性关系越好. 当 $r = \pm 1$ 时，x 与 y 之间符合直线函数关系，称 x 与 y 完全相关，这时所有点在一条直线上. 如果 r 趋近于 0，则 x 与 y 之间没有线性关系，这时 x 与 y 可能不相关，也可能是曲线相关.

一般地，当相关系数 r 的绝对值在 $0.8 \sim 1.0$（即 $0.8 \leqslant |r| \leqslant 1$），可判断 y 与 x 之间存在较显著的线性相关关系. 在此情形下，用回归方程进行有关计算是有实际意义的.

例 5　试验结果同例 4，试检验 R-N 的相关性.

解　由公式可求得

$$L_{yy} = 1\,825.65$$

则相关系数为

$$r = \frac{L_{xy}}{\sqrt{L_{xx}L_{yy}}} = 0.913\,2$$

显然 r 介于 0.8 到 1 之间，由前述结论，说明混凝土抗压强度 R 与回弹值 N 是线性相关的，确定的回归方程也是有意义的.

详细的相关系数的检验与判断，可参看有关概率统计方面的书籍.

我们在回归分析时，如果借助计算器或 Excel 等软件，可以更便捷地进行回归性分析.

例 6　关于钢中碳含量对电阻的效应研究中，其相关数据如表 3.15 所示，求 y 对 x 的线性回归方程.

表 3.15

碳含量 x/%	0.10	0.30	0.40	0.55	0.70	0.80	0.95
电阻 y/μΩ	15	18	19	21	22.6	23.8	26

解 （1）画散点图（见图3.5）.

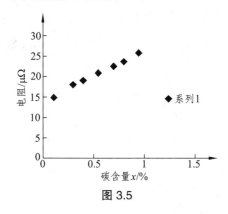

图 3.5

从图 3.5 可以看出，数据点密集在直线附近. 设此回归直线方程为

$$y = a + bx$$

（2）计算回归系数：

$$a = 12.55,\ b = 13.98.$$

故回归方程为

$$y = 12.55 + 13.98x$$

回归直线如图 3.6 所示.

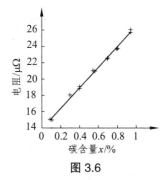

图 3.6

从图 3.6 可以看出，离散的数据点完全密集在回归直线附近.

例 7 为考察某中等职业学校二年级男生跳高成绩与腿部爆发力之间的关系，随机抽取 12 名男生，测得他们的立定跳远与跳高的成绩如表 3.16 所示.

表 3.16

立定跳远/m	2.08	2.30	2.12	1.95	2.10	2.35	2.15	2.25	1.80	2.06	2.04	2.22
跳高/m	1.20	1.28	1.15	1.08	1.22	1.30	1.16	1.24	1.06	1.12	1.10	1.26

（1）根据样本数据，画出散点图；

（2）观察散点图中各点的走向趋势，如果呈现直线趋势，求出跳高成绩关于立定跳远成绩的回归方程.

解 （1）画散点图，如图 3.7 所示.

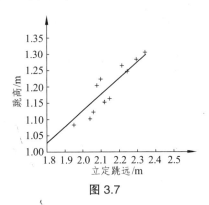

图 3.7

（2）从图 3.7 可以看出，数据点的变化呈现直线趋势，可设回归方程为

$$y = a + bx \quad (x \text{ 表示立定跳远的成绩})$$

计算回归系数：

$$a = 0.151\,138, \ b = 0.486\,088$$

得回归方程为

$$y = 0.151\,138 + 0.486\,088x$$

课堂练习 3.4.4

测量自己立定跳远的成绩，并利用例题 7 的回归方程，估计自己的跳高成绩，并和自己实测跳高成绩作比较.

3.4.5 可化为一元线性的非线性回归

线性关系仅仅是一种最简单、最基本的关系. 在实际问题中，更多的还是非线性关系. 解决非线性回归的做法可以有两种：

（1）通过适当变换，将非线性问题转化为线性问题；

（2）直接运用最小二乘法.

常用方法是通过变量代换把非线性关系转化成线性关系，然后用线性回归方程求出回归系数，再返回原来的函数关系，得到符合要求的回归方程. 下面是常见的 3 类可化为线性方程的非线性方程.

1. 指数函数回归方程

$$y = a\mathrm{e}^{bx} \ (a>0)$$

两边取对数得

$$\ln y = \ln a + bx$$

令 $Y = \ln y$，$A = \ln a$，$B = b$，$X = x$，得

$$Y = A + BX$$

计算出 A、B 后，再利用 $A = \ln a$，即 $a = \mathrm{e}^A$，求出 a，即可得回归方程.

2. 幂函数回归方程

$$y = ax^b \ (a > 0, \ x > 0)$$

两边取对数得

$$\ln y = \ln a + b\ln x$$

令 $Y = \ln y$，$A = \ln a$，$X = \ln x$，得

$$Y = A + bX$$

利用指数函数回归方程的同样方法，求出 a、b，可得到回归方程.

3. 对数函数回归方程

$$y = a + b\ln x$$

令 $X = \ln x$，进行数据转换得

$$y = a + bX$$

即可利用一次回归方程，求出系数 a、b，得到回归方程.

利用计算器的回归计算功能，可以直接进行回归系数的计算. 下面以 CASIO fx-350MS 科学计算器为例，进行回归方程系数的计算.

（1）计算器显示符号的意义，如表 3.17 所示.

表 3.17

名　称	方　程	计算器显示符号	对应数字
线性回归	$y = a + bx$	Lin	1
对数回归	$y = a + b\ln x$	Log	2
指数回归	$y = a\mathrm{e}^{bx}$	Exp	3
乘方回归	$y = ax^b$	Pwr	1
逆回归	$y = a + b\dfrac{1}{x}$	Inv	2
二次回归	$y = a + bx + cx^2$	Quad	3

（2）计算步骤。

① 回归模式，按 MODE 3 键进入 REG 模式，即回归计算模式；

② 进入 REG 模式，显示下列画面：

Lin	Log	Exp	REPLAY ⇨	Pwr	Inv	Quad
1	2	3		1	2	3

③ 选择需要使用的回归种类相对应的数字键 1、2、或 3；

④ 按 SHIFT CLR 1（Scl） = 准备输入数据；

⑤ 输入数据组 (x, y)，x ，y M+，屏幕显示数据的组数（如果输入的是第 n 组数据，则显示 n），直到全部数据输入完毕；

⑥ 求回归系数 A，按 SHIFT S-VAR REPLAY ⇨⇨ 1 = ；

⑦ 求回归系数 B，按 SHIFT S-VAR REPLAY ⇨⇨ 2 = ；

⑧ 求相关系数 r，按 SHIFT S-VAR REPLAY ⇨⇨ 3 = ；

⑨ 当 $x = x_0$ 时，求 y_0 的值，输入 x_0 按 SHIFT S-VAR REPLAY ⇨⇨⇨ 2 = ；

⑩ 当 $y = y_0$ 时，求 x_0 的值，输入 y_0 按 SHIFT S-VAR REPLAY ⇨⇨⇨ 1 = .

例 8 混凝土的抗压强度 x 较容易测定，而抗剪强度 y 不易测定，工程中希望建立一种能由 x 推算 y 的经验公式. 表 3.18 列出了 9 对混凝土的抗压强度和抗剪强度的数据.

表 3.18

x	141	152	168	182	195	204	223	254	277
y	23.1	24.2	27.2	27.8	28.7	31.4	32.5	34.8	36.2

试分别按以下 3 种形式建立 y 对 x 的回归方程.

（1） $y = a + b\sqrt{x}$ ；

（2） $y = a + b\ln x$ ；

（3） $y = cx^b$.

解 方法一：

（1）令 $X = \sqrt{x}$ ， $Y = y$ ；

（2） $Y = y, X = \ln x$ ；

（3）两边取对数得

$$\ln y = \ln c + b\ln x$$

令 $Y = \ln y, X = \ln x, a = \ln c$.

3 种情况下都可得

$$Y = a + bX$$

在 Excel 中输入 x、y 的原始数据，进行数据转换，计算 $\sqrt{x}$ 、$\ln x$、$\ln y$ 等数据，如表 3.19 所示.

表 3.19

x	y	$\sqrt{x}$	$\ln x$	$\ln y$
141	23.1	11.874 34	4.948 76	3.139 833
152	24.2	12.328 83	5.023 881	3.186 353
168	27.2	12.961 48	5.123 964	3.303 217
182	27.8	13.490 74	5.204 007	3.325 036
195	28.7	13.964 24	5.273	3.356 897
204	31.4	14.282 86	5.318 12	3.446 808
223	32.5	14.933 18	5.407 172	3.481 24
254	34.8	15.937 38	5.537 334	3.549 617
277	36.2	16.643 32	5.624 018	3.589 059

再利用 Excel 回归公式计算回归系数.

方法二：利用计算器计算回归系数.

上述两种方法得到的回归方程的系数是一样的，3 种形式的回归方程分别为

（1） $y = -0.988\,055 + 2.868\sqrt{x}$ ；

（2） $y = -0.752\,844\,46 + 19.878\,95\ln x$ ；

（3） $y = 0.818\,3x^{0.678\,1}$ （其中，$a = -0.200\,53$ ，$b = 0.678\,1$ ，$c = \mathrm{e}^a = 0.818\,3$ ）.

3.4.7　用 Excel 计算回归系数的步骤

我们常用 Excel 软件来计算回归系数. 这种方法简单明了，不需要编写程序. 这对不熟悉编程，且急需计算的人员比较实用，显示结果比较直观，能看到中间结果，便于数据分析.

其计算步骤如下：

（1）画出数据散点图，初步判断数据的大致趋势.

打开 Excel 软件，点击绘图按钮绘出散点图，用图表向导生成图像，从图形看变量间的近似关系.

（2）点击 Excel "工具" 菜单中的 "数据分析" 子菜单，弹出对话框，显示各种数据分析工具.

（3）输入数据，然后点击 "工具" → "数据分析" → "回归" → "确定"，弹出 "回归分析" 对话框，在 A 列输入自变量 x 的值，B 列输入因变量 y 的值，输出项可选 "新工作表"，点击 "确定"，立即得到回归分析结果.

具体操作过程可参见 Excel 的有关资料.

结果中的项目较多，主要项目解释如下：

（1）Multiple R：相关系数 r 的绝对值 $|r| \leqslant 1$，其值越接近 1，线性关系越显著.

（2）R Square：相关系数 r 的平方，其值越接近 1，线性关系越显著.

（3）标准误差：均方差的估计值.

我们将前面例题再用 Excel 来计算回归系数，就会发现 Excel 进行回归分析更加快捷.

课堂练习 3.4.7

分别用计算器和 Excel 计算例题 7 中的回归系数.

3.4.8　材料试验中线性回归方法的应用实例

例9　混凝土强度质量鉴定是工程质量鉴定工作的重要内容. 由于混凝土的强度直接关系到结构物的安全，为尽可能减少钻芯取样的程序和混凝土结构物的破损，一般选择回弹法或拔出法作为常用的检测手段. 为方便以后的质量监测和质量鉴定，只通过回弹强度值就可以为准确推定结构物

混凝土强度实际值找到依据，因此，必须对回弹法的准确性
进行可靠定论. 通过最小二乘法作回归分析，得到回归方程.
回弹-钻芯检测数据统计如表 3.20 所示.

表 3.20

序号	芯样强度换算值 Y/MPa	回弹强度值 X/MPa	结构混凝土强度推定值 $Y_{推}$/MPa	X^2	XY
1	33.9	38.7	27.5	1 497.69	1 311.93
2	16.3	28.3	20.8	800.89	461.29
3	15.1	19.7	14.6	388.09	297.47
4	16.8	22.0	16.7	484	369.60
5	15.1	17.7	13.9	313.29	267.27
6	12.4	20.1	15.4	404.01	249.24
7	25.8	30.5	22.2	930.25	786.9
8	33.6	36.3	26.0	1 317.69	1 219.68
9	26.1	34.7	24.9	1 204.09	905.67
10	25.3	33.0	23.8	1 089	834.90
11	26.8	38.7	27.5	1 497.69	1 037.16
12	24.3	33.3	24.0	1 108.89	809.19
13	13.4	20.9	15.9	436.81	280.06
14	23.1	34.0	24.5	1 156	785.40
15	25.7	38.7	27.5	1 497.69	994.59
16	25.2	38.8	27.6	1 505.44	977.76
17	23.4	41.0	29.0	1 681	959.40
18	24.2	35.1	25.2	1 232.01	849.42
19	25.6	35.4	25.4	1 253.16	906.24
20	25.7	30.8	22.4	948.64	791.56
21	25.8	34.7	24.9	1 204.09	895.26
22	23.5	28.7	21.0	823.69	674.45
23	25.3	34.6	24.9	1 197.16	875.38
24	24.0	34.9	25.1	1 218.01	837.60
25	25.5	31.4	22.8	985.96	800.70
26	24.5	33.0	23.8	1 089	808.50
27	24.3	37.3	26.6	1 391.29	906.39
28	23.0	35.6	25.5	1 267.36	818.80
29	25.2	38.8	27.6	1 505.44	977.76
30	20.9	30.4	22.1	924.16	635.36

数据来源：建设工程质量检测鉴定实例及应用指南.

解 用 Excel 进行回归计算，得回归方程：

$$Y = a + bX = 2.341 + 0.651X$$

注意： 表 3.20 中的结构混凝土强度推定值 $Y_{推}$ 系指将回弹强度值 X 代入 $Y = 2.341 + 0.651X$ 中，得出的 Y 值. 从表 3.20 中可以看出，第 2 列的 Y 值和第 4 列的 $Y_{推}$ 值是比较接近的，这也表明回归分析是可行的.

习题 3.4

1. 已知回弹强度值-芯样换算强度修正值数据统计如表 3.21 所示，试求 Y 对 X 的回归方程.

表 3.21

序号	芯样换算强度修正值 Y/MPa	回弹强度值 X/MPa	X^2	XY
1	42.4	38.7	1 497.69	1 640.88
2	20.4	28.3	800.89	577.32
3	18.9	19.7	388.09	372.33
4	21.0	22.0	484	462.00
5	18.9	17.7	313.29	334.53
6	15.5	20.1	404.01	311.55
7	32.2	30.5	930.25	982.10
8	42.0	36.3	1 317.69	1 524.60
9	32.6	34.7	1 204.09	1 131.22
10	31.6	33.0	1 089	1 042.80
11	33.5	38.7	1 497.69	1 296.45
12	30.4	33.3	1 108.89	1 012.32
13	16.8	20.9	436.81	351.12
17	29.2	41.0	1 681	1 197.20
18	30.2	35.1	1 232.01	1 060.02
19	32.0	35.4	1 253.16	1 132.80
20	32.1	30.8	948.64	988.68
21	32.2	34.7	1 204.09	1 117.34
22	29.4	28.7	823.69	843.78

续表 3.21

序号	芯样换算强度 修正值 Y/MPa	回弹强度值 X/MPa	X^2	XY
23	31.6	34.6	1 197.16	1 093.36
24	30.0	34.9	1 218.01	1 047.00
25	31.9	31.4	985.96	1 001.66
26	30.6	33.0	1 089	1 009.80
27	30.4	37.3	1 391.29	1 133.92
28	28.8	35.6	1 267.36	1 025.28
29	31.5	38.8	1 505.44	1 222.20
30	26.1	30.4	924.16	793.44

数据来源：建设工程质量检测鉴定实例及应用指南.

2. 测量合金强度 $y(kg/mm^2)$ 与其中的碳含量 $x(\%)$ ，得到的数据如表 3.22 所示，试求 y 对 x 的线性回归方程.

表 3.22

x	0.1	0.11	0.12	0.13	0.14	0.15	0.16	0.17	0.18	0.20	0.21	0.23
y	42.0	41.5	45.0	45.5	45.0	47.5	49.0	55.0	50.0	55.5	55.5	60.5

3. 已知数据如表 3.23 所示，试用最小二乘法确定拟合曲线 $y = ae^{bx}$ 的系数 a 及 b ，并估计 $x = 1.62$ 时 y 的近似值.

表 3.23

x	1.00	1.25	1.50	1.75	2.00
y	5.10	5.79	6.53	7.45	8.46

4. 每立方米混凝土的水泥用量 x （单位：kg）与 28 天后混凝土的抗压强度（单位：kg/cm^3）之间的关系如图 3.8 所示，相关数据如表 3.24 所示，试求 y 与 x 的回归直线方程.

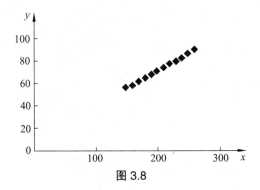

图 3.8

表 3.24

x	150	160	170	180	190	200	210	220	230	240	250	260
y	56.9	58.3	61.6	64.6	68.1	71.3	74.1	77.4	80.2	82.6	86.4	89.7

5. 一个工厂在某月产品的总成本 y（万元）与该月产量 x（万件）之间的相关数据如表 3.25 所示，求月总成本 y 与月产量 x 之间的回归直线方程.

表 3.25

x	1.08	1.12	1.19	1.28	1.36	1.48	1.59	1.68	1.80	1.87	1.98	2.07
y	2.25	2.37	2.40	2.55	2.64	2.75	2.92	3.03	3.14	3.26	3.36	3.50

6. 已知液体的表面张力 f 是温度 t 的线性函数 $f = a + bt$，现测得某种液体在特定温度下的表面张力如表 3.26 所示，试用最小二乘法确定系数常数 a 与 b，并估计 $t = 50$ 时，张力 f 的大小？

表 3.26

$t/℃$	0	10	20	30	40	80	90	100
f/N	68.0	67.1	66.4	65.6	64.6	61.8	61.0	60.0

主要知识点小结

本章主要讨论数值计算的基本概念，数值计算是在某种程度上的近似计算. 我们利用已知信息来推算未知量，就要用到插值法. 插值法的思想就是在小范围内用直线近似代替曲线. 如果试验数据呈现非确定关系，我们可以用回归分析方法来讨论. 回归分析可用来研究一个变量与多个变量之间的相互依存关系，并对它们进行预测和控制.

（1）插值法应用步骤.

① 选取要估算的 $f(x)$ 值的插值点 x 附近的数据点 (x_0, y_0) 及 (x_1, y_1).

② 写出插值公式：

$$y = y_0 + \frac{y_1 - y_0}{x_1 - x_0}(x - x_0)$$

③ 代入插值点进行数据计算.

（2）线性回归法应用步骤.

① 绘制数据散点图，确定相关函数类型.

② 对于一次回归方程 $y = a + bx$，利用计算器或 Excel 进行回归系数计算，用相关系数来检验其相关性，将非线性回归问题转化为线性回归问题处理. 一次回归方程系数计算式为

$$\begin{cases} b = \dfrac{\sum\limits_{i=1}^{n}(x_i - \overline{x})(y_i - \overline{y})}{\sum\limits_{i=1}^{n}(x_i - \overline{x})^2} = \dfrac{\sum\limits_{i=1}^{n} x_i y_i - n\overline{x}\,\overline{y}}{\sum\limits_{i=1}^{n} x_i^2 - n\overline{x}^2} \\ a = \overline{y} - b\overline{x} \end{cases}$$

③ 进行回归推测.

（3）在工程应用计算中，注意把实际问题转换为数学问题并合理选择计算模式.

测试题 3

1. 已知数据如表 3.27 所示，求解下列问题：

（1）预测 $x=5$ 时，y 的值；

（2）估计 $x=1.5$ 时，y 的值.

表 3.27

x	0	1	2	3	4
y	25	43	75	130	226

2. 在 12 h 内，每隔 1 h 测量一次温度，温度依次为 5，8，9，15，25，31，30，22，25，27，24 ℃，试估计在 3.5，6.5，7.2，11.3 h 时的温度.

3. 在某项试验中，测得的数据如表 3.28 所示，试求：

（1）y 与 x 的回归直线方程；

（2）当 $x=5.61$ 时，y 的值.

表 3.28

x	2.07	3.1	4.14	5.17	6.2
y	128	194	273	372	454

4. 一种物质吸附另一种物质的能力与温度有关，测试在不同温度下的吸附量，测试结果如表 3.29 所示，试求吸附量 y 关于温度 x 的一元回归方程.

表 3.29

$x/℃$	1.5	1.8	2.4	3.0	3.5	3.9	4.4	4.8	5.0
y/mg	4.8	5.7	7.0	8.3	1.9	12.4	13.1	13.6	15.3

5. 有一组滑轮，要用力 F（N）举起 W（kg）的物体，实验数据如表 3.30 所示，求适合上述关系的经验公式.

表 3.30

W/kg	200	400	600	800	1 000
F/N	4.35	7.55	10.40	13.80	16.80

4 线性代数初步

在自然科学和工程技术中，经常要遇到解线性方程组（多元一次线性方程组）的问题．对于二元或三元线性方程组用加减消元法或代入消元法求解较为方便，但对于三元以上的线性方程组用上述方法求解较为困难．

行列式和矩阵是解线性方程组的最重要、最常见的一种工具．本章将主要介绍行列式和矩阵的定义、性质、计算方法，以及利用矩阵的初等行变换求解线性方程组等内容．

4.1 二阶与三阶行列式

4.1.1 二阶行列式

设二元线性方程组为 $\begin{cases} a_{11}x_1 + a_{12}x_2 = b_1 \\ a_{21}x_1 + a_{22}x_2 = b_2 \end{cases}$ （4.1）

用加减消元法解方程组，当 $a_{11}a_{22} - a_{12}a_{21} \neq 0$ 时，方程组（4.1）有唯一解：

$$\begin{cases} x_1 = \dfrac{b_1 a_{22} - b_2 a_{12}}{a_{11}a_{22} - a_{12}a_{21}} \\[3mm] x_2 = \dfrac{a_{11}b_2 - a_{21}b_1}{a_{11}a_{22} - a_{12}a_{21}} \end{cases}$$

为了便于叙述和记忆，引入记号

$$D = \begin{vmatrix} a_{11} & a_{12} \\ a_{21} & a_{22} \end{vmatrix} = a_{11}a_{22} - a_{12}a_{21}$$

称为二阶行列式. 其中，$a_{ij}(i, j = 1, 2)$ 称为二阶行列式的第 i 行和第 j 列上的元素（横排称为行，竖排称为列）. 当 $D \neq 0$ 时，线性方程组（4.1）的解可表示为

$$\begin{cases} x_1 = \dfrac{D_1}{D} \\[3mm] x_2 = \dfrac{D_2}{D} \end{cases}$$

其中，D 称为线性方程组（4.1）的系数行列式；$D_1 = \begin{vmatrix} b_1 & a_{12} \\ b_2 & a_{22} \end{vmatrix}$；

$D_2 = \begin{vmatrix} a_{11} & b_1 \\ a_{21} & b_2 \end{vmatrix}$.

定理（克莱姆法则） 若二元线性方程组（4.1）的系数行列式 $D \neq 0$，则该方程组有唯一解：$x_1 = \dfrac{D_1}{D}$，$x_2 = \dfrac{D_2}{D}$.

例1 计算下列行列式：

（1）$\begin{vmatrix} 2 & -4 \\ 3 & 5 \end{vmatrix}$；　　　　（2）$\begin{vmatrix} a & 3 \\ -2a & 7 \end{vmatrix}$；　　　　（3）$\begin{vmatrix} a & b \\ 2c & 3a \end{vmatrix}$.

解 （1） $\begin{vmatrix} 2 & -4 \\ 3 & 5 \end{vmatrix} = 2 \times 5 - 3 \times (-4) = 22$

（2） $\begin{vmatrix} a & 3 \\ -2a & 7 \end{vmatrix} = 7a - (-2a) \times 3 = 13a$

（3） $\begin{vmatrix} a & b \\ 2c & 3a \end{vmatrix} = a \times 3a - 2c \times b = 3a^2 - 2bc$

例2 用克莱姆法则解二元线性方程组：

$$\begin{cases} 3x_1 - 2x_2 = 3 \\ x_1 + 3x_2 = -1 \end{cases}$$

解 $D = \begin{vmatrix} 3 & -2 \\ 1 & 3 \end{vmatrix} = 11 \neq 0$ ； $D_1 = \begin{vmatrix} 3 & -2 \\ -1 & 3 \end{vmatrix} = 7$ ；

$$D_2 = \begin{vmatrix} 3 & 3 \\ 1 & -1 \end{vmatrix} = -6.$$

由克莱姆法则得方程组有唯一解： $x_1 = \dfrac{D_1}{D} = \dfrac{7}{11}$, $x_2 = \dfrac{D_2}{D} = -\dfrac{6}{11}$.

课堂练习 4.1.1

计算下列二阶行列式的值：

（1） $\begin{vmatrix} 2 & -3 \\ 4 & 3 \end{vmatrix}$ ； （2） $\begin{vmatrix} a & 3 \\ 2a & 8 \end{vmatrix}$ ； （3） $\begin{vmatrix} 2 & 2 \\ 3 & 3 \end{vmatrix}$.

4.1.2 三阶行列式

为了简单地表达三元一次线性方程组

$$\begin{cases} a_{11}x_1 + a_{12}x_2 + a_{13}x_3 = b_1 \\ a_{21}x_1 + a_{22}x_2 + a_{23}x_3 = b_2 \\ a_{31}x_1 + a_{32}x_2 + a_{33}x_3 = b_3 \end{cases} \quad (4.2)$$

的解，称

$$D = \begin{vmatrix} a_{11} & a_{12} & a_{13} \\ a_{21} & a_{22} & a_{23} \\ a_{31} & a_{32} & a_{33} \end{vmatrix}$$

为三阶行列式，其展开式规定为

$$a_{11}a_{22}a_{33} + a_{12}a_{23}a_{31} + a_{13}a_{21}a_{32} - a_{11}a_{23}a_{32} - a_{12}a_{21}a_{33} - a_{13}a_{22}a_{31}$$

例3 求下列三阶行列式的值：

$$（1）D_1 = \begin{vmatrix} 1 & 2 & 1 \\ -2 & 1 & -1 \\ 0 & 3 & 4 \end{vmatrix}; \qquad （2）D_2 = \begin{vmatrix} x & 2 & 1 \\ 3 & x & 2 \\ 1 & -2 & 3 \end{vmatrix}.$$

解 利用三阶行列式展开式得

$$（1）D_1 = \begin{vmatrix} 1 & 2 & 1 \\ -2 & 1 & -1 \\ 0 & 3 & 4 \end{vmatrix}$$

$$= 1 \times 1 \times 4 + (-2) \times 3 \times 1 + 2 \times (-1) \times 0 -$$
$$0 \times 1 \times 1 - 3 \times (-1) \times 1 - (-2) \times 2 \times 4$$
$$= 17$$

$$（2）D_2 = \begin{vmatrix} x & 2 & 1 \\ 3 & x & 2 \\ 1 & -2 & 3 \end{vmatrix}$$

$$= x \times x \times 3 + 3 \times (-2) \times 1 + 2 \times 2 \times 1 -$$
$$1 \times x \times 1 - (-2) \times 2 \times x - 3 \times 2 \times 3$$
$$= 3x^2 + 3x - 20$$

课堂练习 4.1.2

计算下列三阶行列式：

$$（1）\begin{vmatrix} 1 & -1 & 3 \\ 4 & 2 & 1 \\ 0 & 2 & 4 \end{vmatrix}; \quad （2）\begin{vmatrix} a & 2a & -a \\ 1 & 2 & 3 \\ 2 & 3 & 4 \end{vmatrix}; \quad （3）\begin{vmatrix} -1 & 0 & 4 \\ 2 & 1 & 5 \\ 4 & 2 & 10 \end{vmatrix}.$$

定理（克莱姆法则） 若三元线性方程组（4.2）的系数

行列式 $D \neq 0$，则该方程组有唯一解：$x_1 = \dfrac{D_1}{D}$，$x_2 = \dfrac{D_2}{D}$，

$x_3 = \dfrac{D_3}{D}$.

其中，$D_1 = \begin{vmatrix} b_1 & a_{12} & a_{13} \\ b_2 & a_{22} & a_{23} \\ b_3 & a_{32} & a_{33} \end{vmatrix}$；$D_2 = \begin{vmatrix} a_{11} & b_1 & a_{13} \\ a_{21} & b_2 & a_{23} \\ a_{31} & b_3 & a_{33} \end{vmatrix}$；$D_3 = \begin{vmatrix} a_{11} & a_{12} & b_1 \\ a_{21} & a_{22} & b_2 \\ a_{31} & a_{32} & b_3 \end{vmatrix}$.

例4 解三元线性方程组 $\begin{cases} x_1 - x_2 + 3x_3 = 1 \\ 2x_1 + x_2 - 2x_3 = 0 \\ 3x_1 - 2x_3 = 2 \end{cases}$

解 方程组系数行列式

$$D = \begin{vmatrix} 1 & -1 & 3 \\ 2 & 1 & -2 \\ 3 & 0 & -2 \end{vmatrix} = -9 ; \quad D_1 = \begin{vmatrix} 1 & -1 & 3 \\ 0 & 1 & -2 \\ 2 & 0 & -2 \end{vmatrix} = -4 ;$$

$$D_2 = \begin{vmatrix} 1 & 1 & 3 \\ 2 & 0 & -2 \\ 3 & 2 & -2 \end{vmatrix} = 14 ; \quad D_3 = \begin{vmatrix} 1 & -1 & 1 \\ 2 & 1 & 0 \\ 3 & 0 & 2 \end{vmatrix} = 3 .$$

根据克莱姆法则得线性方程组的解为

$$x_1 = \frac{D_1}{D} = \frac{4}{9} , \quad x_2 = \frac{D_2}{D} = -\frac{14}{9} , \quad x_3 = \frac{D_3}{D} = -\frac{1}{3} .$$

课堂练习 4.1.3

用克莱姆法则解三元一次线性方程组

$$\begin{cases} x_1 - x_2 + x_3 = 1 \\ 2x_1 + x_2 - 3x_3 = 0 \\ 3x_1 - 2x_3 = 1 \end{cases}$$

习题 4.1

1. 计算下列二阶和三阶行列式：

（1） $\begin{vmatrix} 2 & -3 \\ 5 & -1 \end{vmatrix}$;   （2） $\begin{vmatrix} a & 2b \\ 3a & 4b \end{vmatrix}$;   （3） $\begin{vmatrix} 2 & -4 & 1 \\ 1 & -5 & 3 \\ 1 & -1 & 1 \end{vmatrix}$;

（4） $\begin{vmatrix} a & a & a \\ -a & a & x \\ -a & -a & x \end{vmatrix}$;   （5） $\begin{vmatrix} 4 & 2 & 3 \\ 2 & 3 & 0 \\ 3 & 0 & 0 \end{vmatrix}$;   （6） $\begin{vmatrix} a_{11} & a_{12} & a_{13} \\ 0 & a_{22} & a_{23} \\ 0 & 0 & 0 \end{vmatrix}$.

2. 当 x 取何值时下列式子成立：

（1） $\begin{vmatrix} x^2 & 4 & -9 \\ x & 2 & 3 \\ 1 & 1 & 1 \end{vmatrix} = 0$;   （2） $\begin{vmatrix} x-1 & -2 & -3 \\ -2 & x-1 & -3 \\ -3 & -3 & 1 \end{vmatrix} = 0$.

3. 用克莱姆法则解下列线性方程组：

（1）$\begin{cases} 3x - 2y = 4 \\ 2x + y = 2 \end{cases}$;　（2）$\begin{cases} x_1 - 2x_2 + 3x_3 = 1 \\ 2x_1 + x_2 - x_3 = 0 \\ 3x_1 - 2x_3 = 2 \end{cases}$;

（3）$\begin{cases} x + y + z = 1 \\ 2x - y - z = 1 \\ x - y + z = 2 \end{cases}$.

4.2 矩阵的概念及其运算

4.2.1 矩阵的概念

定义 由 $m \times n$ 个数排成的 m 行 n 列的数表

$$\begin{bmatrix} a_{11} & a_{12} & \cdots & a_{1n} \\ a_{21} & a_{22} & \cdots & a_{2n} \\ \vdots & \vdots & & \vdots \\ a_{m1} & a_{m2} & \cdots & a_{mn} \end{bmatrix}$$

叫作 m 行 n 列矩阵（或叫作 $m \times n$ 矩阵），其中，$a_{ij}(i=1, 2, \cdots, m; j=1, 2, \cdots, n)$ 叫作矩阵的元素；i, j 分别叫作 a_{ij} 的行标和列标. 通常用大写字母 $A, B, \cdots$ 或 $(a_{ij}), (b_{ij}), \cdots$ 表示矩阵，也可记作 $A_{m \times n}$ 或 $(a_{ij})_{m \times n}$.

当 $m=n$ 时，矩阵 $A_{m \times n}$ 叫作 n 阶方阵.

当 $m=1$ 时，矩阵只有一行，即 $(a_1, a_2, \cdots, a_n)$ 叫作行矩阵.

当 $n=1$ 时，矩阵只有一列，即 $\begin{bmatrix} b_1 \\ b_2 \\ \vdots \\ b_n \end{bmatrix}$ 叫作列矩阵.

元素都是零的矩阵叫作零矩阵，记作 $O_{m \times n}$ 或 O.

方阵中元素 $a_{11}, a_{22}, \cdots, a_{nn}$ 所在的对角线叫作主对角线.

除主对角线上的元素外，其余元素都是零的 n 阶方阵，叫作 n 阶对角矩阵.

即

$$A = \begin{bmatrix} a_{11} & 0 & \cdots & 0 \\ 0 & a_{22} & \cdots & 0 \\ \vdots & \vdots & & \vdots \\ 0 & 0 & 0 & a_{nn} \end{bmatrix}$$

主对角线上的元素都是 1 的对角矩阵叫作单位矩阵，记作 E.

即

$$E = \begin{bmatrix} 1 & 0 & \cdots & 0 \\ 0 & 1 & \cdots & 0 \\ \vdots & \vdots & & \vdots \\ 0 & 0 & \cdots & 1 \end{bmatrix}$$

把矩阵 A 的行与列依次互换，所得的矩阵叫作 A 的转置解阵，记作 A'.

设
$$A = \begin{bmatrix} a_{11} & a_{12} & \cdots & a_{1n} \\ a_{21} & a_{22} & \cdots & a_{2n} \\ \vdots & \vdots & & \vdots \\ a_{m1} & a_{m2} & \cdots & a_{mn} \end{bmatrix}$$

则
$$A' = \begin{bmatrix} a_{11} & a_{21} & \cdots & a_{m1} \\ a_{12} & a_{22} & \cdots & a_{n2} \\ \vdots & \vdots & & \vdots \\ a_{1n} & a_{2n} & \cdots & a_{mn} \end{bmatrix}$$

显然，$(A')' = A$.

如果 $A = (a_{ij})$ 与 $B = (b_{ij})$ 都是 m 行 n 列矩阵，并且它们的对应元素都相等，即 $a_{ij} = b_{ij} (i = 1, 2, \cdots, m; j = 1, 2, \cdots, n)$，则称矩阵 A 与矩阵 B 是相等的，记作 $A = B$.

注意：行列式是数值，矩阵是一个数表.

例 1 已知 $A = \begin{bmatrix} a+b & 3 \\ 3 & a-b \end{bmatrix}$，$B = \begin{bmatrix} 7 & 2c+d \\ c-d & 3 \end{bmatrix}$，而且 $A = B$，求 a, b, c, d 的值.

解 根据矩阵相等的定义，可得方程组：

$$\begin{cases} a+b = 7 \\ 3 = 2c+d \\ 3 = c-d \\ a-b = 3 \end{cases}$$

解得 $a = 5, b = 2, c = 2, d = -1$.

通常把由方阵 A 的元素按原来次序所构成的行列式叫作矩阵 A 的行列式，记作 $|A|$.

课堂练习 4.2.1

已知 $A = \begin{bmatrix} a-b & 2 \\ 3 & a+2b \end{bmatrix}$，$B = \begin{bmatrix} 6 & 2c \\ c-d & 3 \end{bmatrix}$，而且 $A = B$，求 a, b, c, d 的值.

4.2.2 矩阵的加法、减法与数乘

定义 两个 m 行 n 列的矩阵 $A = (a_{ij})$ 与 $B = (b_{ij})$ 相加

（减），它们的和（差）为 $A \pm B = (a_{ij} \pm b_{ij})$.

显然，两个矩阵只有当它们的行数和列数分别相同时，才可以进行加（减）运算.

矩阵的加法满足以下规律：

（1）交换律：$A + B = B + A$

（2）结合律：$(A + B) + C = A + (B + C)$

例2 已知 $A = \begin{bmatrix} 2 & 0 & 1 \\ 3 & 1 & -2 \\ 1 & -1 & 2 \end{bmatrix}$，求 $A + A'$，$A - A'$.

解 $A + A' = \begin{bmatrix} 2 & 0 & 1 \\ 3 & 1 & -2 \\ 1 & -1 & 2 \end{bmatrix} + \begin{bmatrix} 2 & 3 & 1 \\ 0 & 1 & -1 \\ 1 & -2 & 2 \end{bmatrix} = \begin{bmatrix} 4 & 3 & 2 \\ 3 & 2 & -3 \\ 2 & -3 & 4 \end{bmatrix}$

$A - A' = \begin{bmatrix} 2 & 0 & 1 \\ 3 & 1 & -2 \\ 1 & -1 & 2 \end{bmatrix} - \begin{bmatrix} 2 & 3 & 1 \\ 0 & 1 & -1 \\ 1 & -2 & 2 \end{bmatrix} = \begin{bmatrix} 0 & -3 & 0 \\ 3 & 2 & -1 \\ 0 & 1 & 0 \end{bmatrix}$

定义 一个数 k 与一个 m 行 n 列矩阵 $A = (a_{ij})$ 相乘，它们的乘积 $kA = (ka_{ij})$，并且规定 $Ak = kA$.

设 $A = \begin{bmatrix} 2 & -1 & 3 \\ 1 & 2 & -3 \end{bmatrix}$，则

$$2A = \begin{bmatrix} 2 \times 2 & 2 \times (-1) & 2 \times 3 \\ 2 \times 1 & 2 \times 2 & 2 \times (-3) \end{bmatrix} = \begin{bmatrix} 4 & -2 & 6 \\ 2 & 4 & -6 \end{bmatrix}$$

矩阵与数相乘满足以下规律：

（1）分配律：$(k_1 + k_2)A = k_1 A + k_2 A$

$$k(A + B) = kA + kB$$

（2）结合律：$k_1(k_2 A) = (k_1 k_2)A$

例3 已知 $A = \begin{bmatrix} 2 & 4 & -1 \\ 3 & -2 & 5 \end{bmatrix}$，$B = \begin{bmatrix} 1 & 2 & 3 \\ 2 & 3 & 4 \end{bmatrix}$，求：

（1）$2A - 3B$；（2）$\dfrac{1}{2}(A + B)$.

解 （1）$2A - 3B = 2\begin{bmatrix} 2 & 4 & -1 \\ 3 & -2 & 5 \end{bmatrix} - 3\begin{bmatrix} 1 & 2 & 3 \\ 2 & 3 & 4 \end{bmatrix}$

$$= \begin{bmatrix} 4 & 8 & -2 \\ 6 & -4 & 10 \end{bmatrix} - \begin{bmatrix} 3 & 6 & 9 \\ 6 & 9 & 12 \end{bmatrix}$$

$$= \begin{bmatrix} 1 & 2 & -11 \\ 0 & -13 & -2 \end{bmatrix}$$

（2） $A + B = \begin{bmatrix} 2 & 4 & -1 \\ 3 & -2 & 5 \end{bmatrix} + \begin{bmatrix} 1 & 2 & 3 \\ 2 & 3 & 4 \end{bmatrix} = \begin{bmatrix} 3 & 6 & 2 \\ 5 & 1 & 9 \end{bmatrix}$

$$\frac{1}{2}(A + B) = \frac{1}{2}\begin{bmatrix} 3 & 6 & 2 \\ 5 & 1 & 9 \end{bmatrix} = \begin{bmatrix} \dfrac{3}{2} & 3 & 1 \\ \dfrac{5}{2} & \dfrac{1}{2} & \dfrac{9}{2} \end{bmatrix}$$

课堂练习 4.2.2

已知 $A = \begin{bmatrix} 3 & 2 \\ 1 & 4 \end{bmatrix}$，$B = \begin{bmatrix} -4 & 2 \\ 2 & 1 \end{bmatrix}$，求：

（1） $2A - 3B$；（2） $\dfrac{1}{2}(A + B)$.

4.2.3　矩阵与矩阵相乘

设 A 是一个 $s \times n$ 矩阵，B 是一个 $n \times m$ 矩阵：

$$A = \begin{bmatrix} a_{11} & a_{12} & \cdots & a_{1n} \\ a_{21} & a_{22} & \cdots & a_{2n} \\ \vdots & \vdots & & \vdots \\ a_{s1} & a_{s2} & \cdots & a_{sn} \end{bmatrix} \qquad B = \begin{bmatrix} b_{11} & b_{12} & \cdots & b_{1m} \\ b_{21} & b_{22} & \cdots & b_{2m} \\ \vdots & \vdots & & \vdots \\ b_{n1} & b_{n2} & \cdots & b_{nm} \end{bmatrix}$$

令　$C = \begin{bmatrix} c_{11} & c_{12} & \cdots & c_{1m} \\ c_{21} & c_{22} & \cdots & c_{2m} \\ \vdots & \vdots & & \vdots \\ c_{s1} & c_{s2} & \cdots & c_{sm} \end{bmatrix}$

其中，$c_{ij} = a_{i1}b_{1j} + a_{i2}b_{2j} + \cdots + a_{in}b_{nj}(i = 1, 2, \cdots, s; j = 1, 2, \cdots, m)$，矩阵 C 称为 A 与 B 的乘积，记作 $C = AB$，由定义可知只有当第 1 个矩阵的列数与第 2 个矩阵的行数相同时，两矩阵才能作乘法运算.

例4　已知 $A = \begin{bmatrix} 1 & 2 & 3 \\ -2 & 1 & -3 \end{bmatrix}$，$B = \begin{bmatrix} 1 & -2 \\ 3 & 2 \\ -1 & 4 \end{bmatrix}$，求 AB，BA.

解

$$AB = \begin{bmatrix} 1 & 2 & 3 \\ -2 & 1 & -3 \end{bmatrix} \begin{bmatrix} 1 & -2 \\ 3 & 2 \\ -1 & 4 \end{bmatrix}$$

$$= \begin{bmatrix} 1 \times 1 + 2 \times 3 + 3 \times (-1) & 1 \times (-2) + 2 \times 2 + 3 \times 4 \\ (-2) \times 1 + 1 \times 3 + (-3) \times (-1) & (-2) \times (-2) + 1 \times 2 + (-3) \times 4 \end{bmatrix}$$

$$= \begin{bmatrix} 4 & 14 \\ 4 & -6 \end{bmatrix}$$

$$BA = \begin{bmatrix} 1 & -2 \\ 3 & 2 \\ -1 & 4 \end{bmatrix} \begin{bmatrix} 1 & 2 & 3 \\ -2 & 1 & -3 \end{bmatrix}$$

$$= \begin{bmatrix} 1 \times 1 + (-2) \times (-2) & 1 \times 2 + (-2) \times 1 & 1 \times 3 + (-2) \times (-3) \\ 3 \times 1 + 2 \times (-2) & 3 \times 2 + 2 \times 1 & 3 \times 3 + 2 \times (-3) \\ (-1) \times 1 + 4 \times (-2) & (-1) \times 2 + 4 \times 1 & (-1) \times 3 + 4 \times (-3) \end{bmatrix}$$

$$= \begin{bmatrix} 5 & 0 & 9 \\ -1 & 8 & 3 \\ -9 & 2 & -15 \end{bmatrix}$$

由例 4 可知，矩阵的乘法不满足交换律，即 $AB \neq BA$.

例 5 已知 $A = \begin{bmatrix} 3 & 1 \\ 4 & 6 \end{bmatrix}$，$B = \begin{bmatrix} 2 & 1 \\ 4 & 6 \end{bmatrix}$，$C = \begin{bmatrix} 0 & 0 \\ 1 & 1 \end{bmatrix}$，求 AC, BC.

解 $AC = \begin{bmatrix} 3 & 1 \\ 4 & 6 \end{bmatrix} \begin{bmatrix} 0 & 0 \\ 1 & 1 \end{bmatrix} = \begin{bmatrix} 1 & 1 \\ 6 & 6 \end{bmatrix}$

$BC = \begin{bmatrix} 2 & 1 \\ 4 & 6 \end{bmatrix} \begin{bmatrix} 0 & 0 \\ 1 & 1 \end{bmatrix} = \begin{bmatrix} 1 & 1 \\ 6 & 6 \end{bmatrix}$

由例 5 可知，虽然 $AC = BC$ 但 $A \neq B$.

这说明矩阵的乘法不满足消去律.

矩阵的乘法满足下述运算律：

（1）分配律：$A(B + C) = AB + AC$

$(B + C)A = BA + CA$

（2）结合律：$(AB)C = A(BC)$

$k(AB) = (kA)B$

课堂练习 4.2.3

已知 $A = \begin{bmatrix} 2 & -1 & 3 \\ -2 & 1 & 4 \end{bmatrix}$，$B = \begin{bmatrix} 1 & -2 \\ 0 & 2 \\ -1 & 3 \end{bmatrix}$，求 AB，BA.

习题 4.2

1. 已知 $A = \begin{bmatrix} -2 & 1 & 4 \\ 2 & -4 & -2 \end{bmatrix}$, $B = \begin{bmatrix} -3 & 4 & 0 \\ 1 & -4 & 2 \end{bmatrix}$, 求下列各式:

（1）$2A + B$；（2）$A - B$；（3）$2A + 3B$；（4）$2A' - 3B'$.

2. 已知 $A = \begin{bmatrix} m-n & 3m+2n \\ 4p-3q & 3p+4q \end{bmatrix}$, $B = \begin{bmatrix} 3 & 2 \\ -4 & 2 \end{bmatrix}$, 且 $A = 2B$, 求 m, n, p, q 的值.

3. 计算下列各式:

（1）$\begin{bmatrix} 1 & 2 & 3 \\ 2 & -1 & 2 \end{bmatrix} \begin{bmatrix} 1 \\ 0 \\ 2 \end{bmatrix}$；（2）$\begin{bmatrix} 2 & 5 & 0 \end{bmatrix} \begin{bmatrix} -1 \\ 2 \\ 1 \end{bmatrix}$；

（3）$\begin{bmatrix} 3 & 1 & 1 \\ 1 & 2 & 2 \\ 1 & -1 & 3 \end{bmatrix} \begin{bmatrix} 1 & 2 & 0 \\ 2 & -2 & 1 \\ 3 & 2 & -2 \end{bmatrix} - \begin{bmatrix} 1 & -5 & 3 \\ 2 & 7 & 3 \\ 3 & 5 & 2 \end{bmatrix}$.

4. 设 $A = \begin{bmatrix} a & b & c \\ i & h & g \end{bmatrix}$, 求证 $(-A)' = -A'$.

5. 设 $A = \begin{bmatrix} 2 & 2 \\ -1 & 4 \end{bmatrix}$, $B = \begin{bmatrix} 1 & 0 \\ -2 & 2 \end{bmatrix}$, $C = \begin{bmatrix} 1 & -3 \\ 2 & 5 \end{bmatrix}$, 验证下列各式成立:

（1）$A(BC) = (AB)C$；（2）$A(B+C) = AB + AC$.

4.3 用矩阵的初等行变换法解线性方程组

4.3.1 矩阵的初等变换

定义1 对矩阵实施下述 3 种行变换称为矩阵的初等行变换.

（1）交换任意两行的位置；

（2）用一个非零的常数乘某一行的所有元素；

（3）某一行所有元素的 k 倍加到另一行的对应元素上.

定义2 满足下列条件的矩阵称为阶梯形矩阵.

（1）若有零行，则处于矩阵的下方；

（2）非零行的第一个非零元素的左边零的个数随行标递增.

如下列矩阵都是阶梯形矩阵：

$$\begin{bmatrix} 1 & 0 & 0 & 3 \\ 0 & 5 & 0 & -1 \\ 0 & 0 & -2 & 7 \\ 0 & 0 & 0 & 0 \\ 0 & 0 & 0 & 0 \end{bmatrix}; \quad \begin{bmatrix} 1 & 3 & 0 & -2 \\ 0 & 0 & 2 & 3 \\ 0 & 0 & 0 & 4 \\ 0 & 0 & 0 & 0 \end{bmatrix}; \quad \begin{bmatrix} 1 & 3 & -2 & 7 \\ 0 & 0 & 0 & 0 \\ 0 & 0 & 0 & 0 \end{bmatrix}.$$

对于矩阵变换，有如下结论：任一矩阵经过初等行变换均可化为阶梯形矩阵.

例1 将矩阵 $A = \begin{bmatrix} 2 & -1 & 8 & 1 \\ 1 & 2 & -1 & 3 \\ 3 & 0 & 1 & 2 \\ 2 & 2 & 2 & 4 \end{bmatrix}$ 用初等行变换化成阶梯形矩阵.

解 对矩阵 A 施行初等行变换：

$$A \xrightarrow{r_1 \leftrightarrow r_2} \begin{bmatrix} 1 & 2 & -1 & 3 \\ 2 & -1 & 8 & 1 \\ 3 & 0 & 1 & 2 \\ 2 & 2 & 2 & 4 \end{bmatrix} \xrightarrow[\substack{r_3+(-3)r_1 \\ r_4+(-1)r_1}]{r_2+(-2)r_1} \begin{bmatrix} 1 & 2 & -1 & 3 \\ 0 & -5 & 10 & -5 \\ 0 & -6 & 4 & -7 \\ 0 & -2 & 4 & -2 \end{bmatrix}$$

$$\xrightarrow{-\frac{1}{2}r_4} \begin{bmatrix} 1 & 2 & -1 & 3 \\ 0 & -5 & 10 & -5 \\ 0 & -6 & 4 & -7 \\ 0 & 1 & -2 & 1 \end{bmatrix} \xrightarrow{r_2 \leftrightarrow r_4} \begin{bmatrix} 1 & 2 & -1 & 3 \\ 0 & 1 & -2 & 1 \\ 0 & -6 & 4 & -7 \\ 0 & -5 & 10 & -5 \end{bmatrix}$$

$$\xrightarrow[r_4+5r_2]{r_3+6r_2} \begin{bmatrix} 1 & 2 & -1 & 3 \\ 0 & 1 & -2 & 1 \\ 0 & 0 & -8 & -1 \\ 0 & 0 & 0 & 0 \end{bmatrix}$$

课堂练习 **4.3.1**

将矩阵 $A = \begin{pmatrix} 1 & -1 & 6 & 1 \\ 1 & 2 & -1 & 3 \\ 3 & 0 & 1 & 2 \\ 2 & 1 & 3 & 4 \end{pmatrix}$ 用初等行变换化成阶

梯形矩阵.

4.3.2 用矩阵初等行变换解线性方程组

我们可将线性方程组

$$\begin{cases} a_{11}x_1 + a_{12}x_2 + a_{13}x_3 + \cdots + a_{1n}x_n = b_1 \\ a_{21}x_1 + a_{22}x_2 + a_{23}x_3 + \cdots + a_{2n}x_n = b_2 \\ \cdots\cdots\cdots\cdots \\ a_{m1}x_1 + a_{m2}x_2 + a_{m3}x_3 + \cdots + a_{mn}x_n = b_m \end{cases}$$

写成矩阵形式:

$$\begin{bmatrix} a_{11} & a_{12} & \cdots & a_{1n} \\ a_{21} & a_{22} & \cdots & a_{2n} \\ \vdots & \vdots & & \vdots \\ a_{m1} & a_{m2} & \cdots & a_{mn} \end{bmatrix} \begin{bmatrix} x_1 \\ x_2 \\ \vdots \\ x_n \end{bmatrix} = \begin{bmatrix} b_1 \\ b_2 \\ \vdots \\ b_m \end{bmatrix} \quad 或 \quad AX = B$$

其中, $A = \begin{bmatrix} a_{11} & a_{12} & \cdots & a_{1n} \\ a_{21} & a_{22} & \cdots & a_{2n} \\ \vdots & \vdots & & \vdots \\ a_{m1} & a_{m2} & \cdots & a_{mn} \end{bmatrix}$; $X = \begin{bmatrix} x_1 \\ x_2 \\ \vdots \\ x_n \end{bmatrix}$; $B = \begin{bmatrix} b_1 \\ b_2 \\ \vdots \\ b_m \end{bmatrix}$.

方程 $AX = B$ 称为矩阵方程, A 称为系数矩阵, X 称为未知矩阵, B 称为常数项矩阵.

$$\tilde{A} = \begin{bmatrix} a_{11} & a_{12} & \cdots & a_{1n} & b_1 \\ a_{21} & a_{22} & \cdots & a_{2n} & b_2 \\ \vdots & \vdots & & \vdots & \vdots \\ a_{m1} & a_{m2} & \cdots & a_{mn} & b_m \end{bmatrix} = (A|B) \text{ 称为增广矩阵.}$$

对于变换后的矩阵对应的方程组，若将增广矩阵 $(A|B)$ 用初等行变换为 $(A_1|B_1)$，则方程组 $AX = B$ 与方程组 $A_1X = B_1$ 的解是相同的.

将 $(A|B)$ 用初等行变换为 $(A_1|B_1)$，这一过程称为同解变形. 因此，可用矩阵的初等行变换对线性方程组进行同解变形，并求出方程组的解.

例 2　用初等行变换解线性方程组 $\begin{cases} x - 2y = 5 \\ 2x + 3y = 3 \end{cases}$

解　$\tilde{A} = \begin{bmatrix} 1 & -2 & 5 \\ 2 & 3 & 3 \end{bmatrix} \xrightarrow{r_2 + r_1 \times (-2)} \begin{bmatrix} 1 & -2 & 5 \\ 0 & 7 & -7 \end{bmatrix}$

$\xrightarrow{\frac{1}{7}r_2} \begin{bmatrix} 1 & -2 & 5 \\ 0 & 1 & -1 \end{bmatrix} = B$

原方程组与下列方程组同解：

$$\begin{cases} x - 2y = 5 \\ y = -1 \end{cases}$$

解此方程组得其解为 $\begin{cases} x = 3 \\ y = -1 \end{cases}$

例 3　解三元线性方程组 $\begin{cases} 2x - y + 3z = -1 \\ x + 2y - z = 2 \\ 3y + 2z = 3 \end{cases}$

解　$\tilde{A} = \begin{bmatrix} 2 & -1 & 3 & -1 \\ 1 & 2 & -1 & 2 \\ 0 & 3 & 2 & 3 \end{bmatrix} \xrightarrow{r_1 \leftrightarrow r_2} \begin{bmatrix} 1 & 2 & -1 & 2 \\ 2 & -1 & 3 & -1 \\ 0 & 3 & 2 & 3 \end{bmatrix}$

$\xrightarrow{r_2 + r_1 \times (-2)} \begin{bmatrix} 1 & 2 & -1 & 2 \\ 0 & -5 & 5 & -5 \\ 0 & 3 & 2 & 3 \end{bmatrix} \xrightarrow{\left(-\frac{1}{5}\right)r_2} \begin{bmatrix} 1 & 2 & -1 & 2 \\ 0 & 1 & -1 & 1 \\ 0 & 3 & 2 & 3 \end{bmatrix}$

$\xrightarrow{r_3 + (-3)r_2} \begin{bmatrix} 1 & 2 & -1 & 2 \\ 0 & 1 & -1 & 1 \\ 0 & 0 & 5 & 0 \end{bmatrix} = B$

原方程组与下列方程组同解：

$$\begin{cases} x + 2y - z = 2 \\ y - z = 1 \\ 5z = 0 \end{cases}$$

解此方程组得其解为

$$\begin{cases} x = 0 \\ y = 1 \\ z = 0 \end{cases}$$

例 4 解三元线性方程组 $\begin{cases} 2x - y + 3z = -1 \\ x + 2y - z = 2 \\ 3x + y + 2z = 1 \end{cases}$

解 $\tilde{A} = \begin{bmatrix} 2 & -1 & 3 & -1 \\ 1 & 2 & -1 & 2 \\ 3 & 1 & 2 & 1 \end{bmatrix} \xrightarrow{r_1 \leftrightarrow r_2} \begin{bmatrix} 1 & 2 & -1 & 2 \\ 2 & -1 & 3 & -1 \\ 3 & 1 & 2 & 1 \end{bmatrix}$

$$\xrightarrow[r_3 + (-3)r_1]{r_2 + (-2)r_1} \begin{bmatrix} 1 & 2 & -1 & 2 \\ 0 & -5 & 5 & -5 \\ 0 & -5 & 5 & -5 \end{bmatrix}$$

$$\xrightarrow{\left(-\frac{1}{5}\right)r_2} \begin{bmatrix} 1 & 2 & -1 & 2 \\ 0 & 1 & -1 & 1 \\ 0 & -5 & 5 & -5 \end{bmatrix}$$

$$\xrightarrow{r_3 + 5r_2} \begin{bmatrix} 1 & 2 & -1 & 2 \\ 0 & 1 & -1 & 1 \\ 0 & 0 & 0 & 0 \end{bmatrix} = B$$

原方程组与下列方程组同解：

$$\begin{cases} x + 2y - z = 2 \\ y - z = 1 \end{cases}$$

令 $z = k$（k 为任意常数）此方程组得其解为

$$\begin{cases} x = -k \\ y = k + 1 \\ z = k \end{cases}$$

k 为任意常数，此方程组有无穷多组解.

例 5 解四元一次线性方程组 $\begin{cases} x_1 - 2x_2 + 3x_3 - x_4 = 2 \\ x_1 + 2x_2 - x_3 + 3x_4 = 1 \\ x_2 + 3x_3 = -2 \\ x_1 + x_3 + x_4 = 2 \end{cases}$

解 $\tilde{A} = \begin{bmatrix} 1 & -2 & 3 & -1 & 2 \\ 1 & 2 & -1 & 3 & 1 \\ 0 & 1 & 3 & 0 & -2 \\ 1 & 0 & 1 & 1 & 2 \end{bmatrix}$

$$\xrightarrow[r_4+(-1)r_1]{r_2+(-1)r_1}
\begin{bmatrix}
1 & -2 & 3 & -1 & 2 \\
0 & 4 & -4 & 4 & -1 \\
0 & 1 & 3 & 0 & -2 \\
0 & 2 & -2 & 2 & 0
\end{bmatrix}$$

$$\xrightarrow{r_2 \leftrightarrow r_3}
\begin{bmatrix}
1 & -2 & 3 & -1 & 2 \\
0 & 1 & 3 & 0 & -2 \\
0 & 4 & -4 & 4 & -1 \\
0 & 2 & -2 & 2 & 0
\end{bmatrix}$$

$$\xrightarrow[r_4+(-2)r_2]{r_3+(-4)r_2}
\begin{bmatrix}
1 & -2 & 3 & -1 & 2 \\
0 & 1 & 3 & 0 & -2 \\
0 & 0 & -16 & 4 & 7 \\
0 & 0 & -8 & 2 & 4
\end{bmatrix}$$

$$\xrightarrow{r_3 \leftrightarrow r_4}
\begin{bmatrix}
1 & -2 & 3 & -1 & 2 \\
0 & 1 & 3 & 0 & -2 \\
0 & 0 & -8 & 2 & 4 \\
0 & 0 & -16 & 4 & 7
\end{bmatrix}$$

$$\xrightarrow{r_4+(-2)r_3}
\begin{bmatrix}
1 & -2 & 3 & -1 & 2 \\
0 & 1 & 3 & 0 & -2 \\
0 & 0 & -8 & 2 & 4 \\
0 & 0 & 0 & 0 & -1
\end{bmatrix}$$

原方程组与下列方程组同解：

$$\begin{cases}
x_1 - 2x_2 + 3x_3 - x_4 = 2 \\
x_2 + 3x_3 = -2 \\
-8x_3 + 2x_4 = 4 \\
0 = -1
\end{cases}$$

第 4 个方程 $0 = -1$ 是不可能成立的，此方程组无解，所以原方程组无解.

例6 解方程组 $\begin{cases}
x_1 - 2x_2 + 3x_3 - x_4 + 2x_5 = 2 \\
3x_1 - x_2 + 5x_3 - 3x_4 - x_5 = 6 \\
2x_1 + x_2 + 2x_3 - 2x_4 - 3x_5 = 8
\end{cases}$

解 $\tilde{A} = \begin{bmatrix}
1 & -2 & 3 & -1 & 2 & 2 \\
3 & -1 & 5 & -3 & -1 & 6 \\
2 & 1 & 2 & -2 & -3 & 8
\end{bmatrix}$

$$\xrightarrow[r_2+(-2)r_1]{r_2+(-3)r_1}
\begin{bmatrix}
1 & -2 & 3 & -1 & 2 & 2 \\
0 & 5 & -4 & 0 & -7 & 0 \\
0 & 5 & -4 & 0 & -7 & 4
\end{bmatrix}$$

$$\xrightarrow{r_3+(-1)r_2} \begin{bmatrix} 1 & -2 & 3 & -1 & 2 & 2 \\ 0 & 5 & -4 & 0 & -7 & 0 \\ 0 & 0 & 0 & 0 & 0 & 4 \end{bmatrix}$$

原方程组与下列方程组同解：

$$\begin{cases} x_1 - 2x_2 + 3x_3 - x_4 + 2x_5 = 2 \\ 5x_2 - 4x_3 - 7x_5 = 0 \\ 0 = 4 \end{cases}$$

其中，第 3 个方程 $0 = 4$ 是不可能成立的，所以方程组无解.

课堂练习 4.3.2

解三元线性方程组 $\begin{cases} x - y + 3z = -1 \\ x + 2y - z = 2 \\ x + y + 3z = 1 \end{cases}$

习题 4.3

解下列方程组：

（1）$\begin{cases} 2x_1 + 3x_2 + x_3 = 4 \\ x_1 - 2x_2 + 4x_3 = -5 \\ 3x_1 + 8x_2 - 2x_3 = 13 \\ 4x_1 - x_2 + 9x_3 = -16 \end{cases}$

（2）$\begin{cases} x_1 - x_2 + 6x_3 - 7x_4 = 0 \\ 4x_1 - 9x_2 - x_3 - 8x_4 = 4 \\ -2x_1 + 5x_2 + 3x_3 + 2x_4 = -2 \end{cases}$

（3）$\begin{cases} x_1 + x_3 = 1 \\ 2x_1 + x_2 + 2x_3 = 4 \\ 4x_2 + 6x_3 = 1 \end{cases}$

（4）$\begin{cases} 3x_1 - 5x_2 + x_3 - 2x_4 = 0 \\ 2x_1 + 3x_2 - 5x_3 + 3x_4 = 0 \\ -x_1 + 7x_2 - 4x_3 + 3x_4 = 0 \\ 4x_1 + 15x_2 - 7x_3 + 9x_4 = 0 \end{cases}$

主要知识点小结

本章的主要内容是二阶、三阶行列式，矩阵的概念及其运算，用矩阵初等行变换法解线性方程组.

（1）二阶、三阶行列式.

① 二阶行列式的定义：

$$D = \begin{vmatrix} a_{11} & a_{12} \\ a_{21} & a_{22} \end{vmatrix} = a_{11}a_{22} - a_{12}a_{21}$$

② 三阶行列式的定义：

$$D = \begin{vmatrix} a_{11} & a_{12} & a_{13} \\ a_{21} & a_{22} & a_{23} \\ a_{31} & a_{32} & a_{33} \end{vmatrix}$$
$$= a_{11}a_{22}a_{33} + a_{12}a_{23}a_{31} + a_{13}a_{21}a_{32} -$$
$$a_{11}a_{23}a_{32} - a_{12}a_{21}a_{23} - a_{13}a_{22}a_{31}$$

③ 克莱姆法则：

若三元线性方程组 $\begin{cases} a_{11}x_1 + a_{12}x_2 + a_{13}x_3 = b_1 \\ a_{21}x_1 + a_{22}x_2 + a_{23}x_3 = b_2 \\ a_{31}x_1 + a_{32}x_2 + a_{33}x_3 = b_3 \end{cases}$ 的系数行列

式 $D \neq 0$，则该方程组有唯一解：$x_1 = \dfrac{D_1}{D}$，$x_2 = \dfrac{D_2}{D}$，$x_3 = \dfrac{D_3}{D}$.

其中，$D = \begin{vmatrix} a_{11} & a_{12} & a_{13} \\ a_{21} & a_{22} & a_{23} \\ a_{31} & a_{32} & a_{33} \end{vmatrix}$；$D_1 = \begin{vmatrix} b_1 & a_{12} & a_{13} \\ b_2 & a_{22} & a_{23} \\ b_3 & a_{32} & a_{33} \end{vmatrix}$；

$D_2 = \begin{vmatrix} a_{11} & b_1 & a_{13} \\ a_{21} & b_2 & a_{23} \\ a_{31} & b_3 & a_{33} \end{vmatrix}$；$D_3 = \begin{vmatrix} a_{11} & a_{12} & b_1 \\ a_{21} & a_{22} & b_2 \\ a_{31} & a_{32} & b_3 \end{vmatrix}$.

克莱姆法则适用于 n 元线性方程组 $(n \geqslant 2)$.

（2）矩阵的概念及其运算.

① 矩阵的定义：由 $m \times n$ 个数排成的 m 行 n 列的数表

$$\begin{bmatrix} a_{11} & a_{12} & \cdots & a_{1n} \\ a_{21} & a_{22} & \cdots & a_{2n} \\ \vdots & \vdots & & \vdots \\ a_{m1} & a_{m2} & \cdots & a_{mn} \end{bmatrix}$$ 叫作 m 行 n 列矩阵. 注意行列式是一个

数值，矩阵是一个数表.

② 矩阵的加法、减法与数乘.

定义 1 两个 m 行 n 列的矩阵 $\boldsymbol{A} = (a_{ij})$ 与 $\boldsymbol{B} = (b_{ij})$ 相加（减），它们的和（差）为 $\boldsymbol{A} \pm \boldsymbol{B} = (a_{ij} \pm b_{ij})$.

矩阵的加法满足以下规律：

a. 交换律：$\boldsymbol{A} + \boldsymbol{B} = \boldsymbol{B} + \boldsymbol{A}$

b. 结合律：$(\boldsymbol{A} + \boldsymbol{B}) + \boldsymbol{C} = \boldsymbol{A} + (\boldsymbol{B} + \boldsymbol{C})$

定义 2 一个数 k 与一个 m 行 n 列矩阵 $\boldsymbol{A} = (a_{ij})$ 相乘，它们的乘积 $k\boldsymbol{A} = (ka_{ij})$，并且规定 $\boldsymbol{A}k = k\boldsymbol{A}$.

矩阵与数相乘满足以下规律：

a. 分配律：$(k_1 + k_2)\boldsymbol{A} = k_1\boldsymbol{A} + k_2\boldsymbol{A}$

$$k(\boldsymbol{A} + \boldsymbol{B}) = k\boldsymbol{A} + k\boldsymbol{B}$$

b. 结合律：$k_1(k_2\boldsymbol{A}) = (k_1k_2)\boldsymbol{A}$

③ 矩阵与矩阵相乘.

设 $\boldsymbol{A}$ 是一个 $s \times n$ 矩阵，$\boldsymbol{B}$ 是一个 $n \times m$ 矩阵：

$$\boldsymbol{A} = \begin{bmatrix} a_{11} & a_{12} & \cdots & a_{1n} \\ a_{21} & a_{22} & \cdots & a_{2n} \\ \vdots & \vdots & & \vdots \\ a_{s1} & a_{s2} & \cdots & a_{sn} \end{bmatrix} \qquad \boldsymbol{B} = \begin{bmatrix} b_{11} & b_{12} & \cdots & b_{1m} \\ b_{21} & b_{22} & \cdots & b_{2m} \\ \vdots & \vdots & & \vdots \\ b_{n1} & b_{n2} & \cdots & b_{nm} \end{bmatrix}$$

令　$\boldsymbol{C} = \begin{bmatrix} c_{11} & c_{12} & \cdots & c_{1m} \\ c_{21} & c_{22} & \cdots & c_{2m} \\ \vdots & \vdots & & \vdots \\ c_{s1} & c_{s2} & \cdots & c_{sm} \end{bmatrix}$

其中，$c_{ij} = a_{i1}b_{1j} + a_{i2}b_{2j} + \cdots + a_{in}b_{nj}\,(i = 1, 2, \cdots, s; j = 1, 2, \cdots, m)$，矩阵 $\boldsymbol{C}$ 称为 $\boldsymbol{A}$ 与 $\boldsymbol{B}$ 的乘积，记作 $\boldsymbol{C} = \boldsymbol{AB}$，由定义可知只有当第一个矩阵的列数与第二个矩阵的行数相同时，两矩阵才能作乘法运算.

矩阵的乘法满足下述运算律：

a. 分配律：$\boldsymbol{A}(\boldsymbol{B} + \boldsymbol{C}) = \boldsymbol{AB} + \boldsymbol{AC}$

$$(\boldsymbol{B} + \boldsymbol{C})\boldsymbol{A} = \boldsymbol{BA} + \boldsymbol{CA}$$

b. 结合律：$(\boldsymbol{AB})\boldsymbol{C} = \boldsymbol{A}(\boldsymbol{BC})$

$$k(\boldsymbol{AB}) = (k\boldsymbol{A})\boldsymbol{B}$$

矩阵的乘法不满足交换律和消去律.

（3）用高斯消元法解线性方程组.

① 矩阵的初等变换.

定义 1 对矩阵实施下述 3 种行变换称为矩阵的初等行变换.

a. 交换任意两行的位置;

b. 用一个非零的常数乘某一行的所有元素;

c. 某一行所有元素的 k 倍加到另一行的对应元素上.

定义 2 满足下列条件的矩阵称为阶梯形矩阵:

a. 若有零行,则处于矩阵的下方;

b. 非零行的第一个非零元素的左边零的个数随行标递增.

任一矩阵经过初等行变换均可化为阶梯形矩阵.

② 用初等变换解线性方程组——高斯消元法.

将线性方程组 $\begin{cases} a_{11}x_1 + a_{12}x_2 + a_{13}x_3 + \cdots + a_{1n}x_n = b_1 \\ a_{21}x_1 + a_{22}x_2 + a_{23}x_3 + \cdots + a_{2n}x_n = b_2 \\ \cdots\cdots\cdots\cdots \\ a_{m1}x_1 + a_{m2}x_2 + a_{m3}x_3 + \cdots + a_{mn}x_n = b_m \end{cases}$

写成矩阵形式:

$$\begin{bmatrix} a_{11} & a_{12} & \cdots & a_{1n} \\ a_{21} & a_{22} & \cdots & a_{2n} \\ \vdots & \vdots & & \vdots \\ a_{m1} & a_{m2} & \cdots & a_{mn} \end{bmatrix} \begin{bmatrix} x_1 \\ x_2 \\ \vdots \\ x_n \end{bmatrix} = \begin{bmatrix} b_1 \\ b_2 \\ \vdots \\ b_m \end{bmatrix} \text{ 或 } \boldsymbol{AX} = \boldsymbol{B}$$

其中, $\boldsymbol{A} = \begin{bmatrix} a_{11} & a_{12} & \cdots & a_{1n} \\ a_{21} & a_{22} & \cdots & a_{2n} \\ \vdots & \vdots & & \vdots \\ a_{m1} & a_{m2} & \cdots & a_{mn} \end{bmatrix}$; $\boldsymbol{X} = \begin{bmatrix} x_1 \\ x_2 \\ \vdots \\ x_n \end{bmatrix}$; $\boldsymbol{B} = \begin{bmatrix} b_1 \\ b_2 \\ \vdots \\ b_m \end{bmatrix}$.

方程 $\boldsymbol{AX} = \boldsymbol{B}$ 称为矩阵方程, $\boldsymbol{A}$ 称为系数矩阵, $\boldsymbol{X}$ 称为未知矩阵, $\boldsymbol{B}$ 称为常数项矩阵.

$$\tilde{\boldsymbol{A}} = \begin{bmatrix} a_{11} & a_{12} & \cdots & a_{1n} & b_1 \\ a_{21} & a_{22} & \cdots & a_{2n} & b_2 \\ \vdots & \vdots & & \vdots & \vdots \\ a_{m1} & a_{m2} & \cdots & a_{mn} & b_m \end{bmatrix} = (\boldsymbol{A}|\boldsymbol{B}) \text{ 称为增广矩阵.}$$

若将增广矩阵 $(\boldsymbol{A}|\boldsymbol{B})$ 用初等行变换化为 $(\boldsymbol{A}_1|\boldsymbol{B}_1)$, 则 $\boldsymbol{AX} = \boldsymbol{B}$ 与 $\boldsymbol{A}_1\boldsymbol{X} = \boldsymbol{B}_1$ 是同解方程组.

因此, 可用矩阵的初等变换对线性方程组进行同解变形, 并求出方程组的解.

测试题 4

1. 计算下列二阶和三阶行列式:

（1）$\begin{vmatrix} 155 & 310 \\ 255 & 500 \end{vmatrix}$; （2）$\begin{vmatrix} 5 & 4 & 2 \\ -2 & 2 & 1 \\ 3 & 1 & 2 \end{vmatrix}$.

2. 用克莱姆法则解下列线性方程组:

$$\begin{cases} x_1 + 2x_2 + 3x_3 = 1 \\ 2x_1 - 3x_2 + 2x_3 = 0 \\ x_1 + x_2 - x_3 = 3 \end{cases}$$

3. 已知 $A = \begin{bmatrix} 1 & 4 & -1 \\ 3 & -2 & 4 \end{bmatrix}$, $B = \begin{bmatrix} 1 & 2 & 3 \\ 3 & 2 & 4 \end{bmatrix}$, 求下列各式:

（1）$A - 3B$; （2）$\frac{1}{2}(3A + B)$.

4. 计算下列各式:

（1）$\begin{bmatrix} 2 & 0 & 3 \\ 3 & 2 & -1 \end{bmatrix} \begin{bmatrix} 3 \\ 0 \\ 3 \end{bmatrix}$;

（2）$\begin{bmatrix} 3 & -2 & 1 \\ 1 & 2 & 1 \\ 1 & -1 & 3 \end{bmatrix} \begin{bmatrix} 1 & 2 & 0 \\ 4 & -2 & 1 \\ 0 & 1 & 3 \end{bmatrix} - \begin{bmatrix} 1 & -5 & 3 \\ 2 & 2 & 1 \\ 3 & 6 & 4 \end{bmatrix}$.

5. 用高斯消元法解线性方程组:

（1）$\begin{cases} 3x - y = 2 \\ 4x + 3y = 3 \end{cases}$

（2）$\begin{cases} x - 2y + z = 2 \\ 3x + y - z = 0 \\ x - 2y + 2z = 3 \end{cases}$

（3）$\begin{cases} x_1 - 2x_2 + 3x_3 = 0 \\ 2x_1 + x_2 - x_3 + 3x_4 = 1 \\ 2x_1 + 2x_3 + x_4 = 1 \\ 4x_2 - x_3 + 3x_4 = 2 \end{cases}$

5.1　确立线性规划问题的数学模型

5.2　线性规划的图解法

5　线性规划初步

人们在生产和经营管理活动中，常常会遇到如何有效地利用现有资源，如人力、原材料、资金等，来安排生产和经营活动，使产值最大或利润最高；或在预定的任务目标下，如何统筹安排，以便耗用最少的资源去实现最大收益．对于这种在生产、经营活动中从计划与组织的角度提出的最大或最小目标问题的研究，构成了运筹学的一个重要分支——线性规划．

本章重点介绍线性规划的问题及特点、线性规划的数学模型、线性规划问题的图解法等．

5.1 确立线性规划问题的数学模型

经过多年的发展，线性规划已成为一套较为完整的原理、理论和方法. 线性规划在工业、商业、交通运输业，特别是建筑、经济管理及决策分析等方面得到广泛应用，并取得了良好的效果. 目前，线性规划正以理论与实际相结合的特点成为工程技术人员、管理人员和经济工作者的最佳管理技术和决策工具.

5.1.1 线性规划问题

例 1 国内某冰箱厂家，考虑生产甲、乙、丙、丁 4 种型号的冰箱，每款冰箱依次经过 A、B、C 3 个车间完成. 假设每款冰箱需要各车间加工的工时、车间最大产能和每款冰箱的利润如表 5.1 所示. 如何安排生产，才能获得最大利润呢？

表 5.1

产品	甲车间加工工时/h	乙车间加工工时/h	丙车间加工工时/h	丁车间加工工时/h	最大产能/h
A	5.5	3	2	3	400
B	4.5	12	3	8	900
C	6	8	3	6	600
利润/（元/台）	100	150	85	120	

解 安排生产就是安排生产计划，即在可利用的资源条件下，各种型号冰箱生产多少台，达到利润最大.

设甲型号冰箱生产 x_1 台，乙型号冰箱生产 x_2 台，丙型号冰箱生产 x_3 台，丁型号冰箱生产 x_4 台，称 x_1，x_2，x_3，x_4 为决策变量. 它们不能任意取值，要受各车间可利用的生产时间（劳动力）的限制. 生产一台甲型号冰箱在 A 车间需要 5.5 h，因此生产 x_1 台甲型号冰箱在 A 车间需要 $5.5x_1$ h；同理，生产 x_2 台乙型号冰箱在 A 车间需要 $3x_2$ h，生产 x_3 台丙型号冰箱在 A 车

间需要 $2x_3$ h,生产 x_4 台丁型号冰箱在 A 车间需要 $3x_4$ h. 则在 A 车间需要总的加工工时为 $(5.5x_1+3x_2+2x_3+3x_4)$ h，这不能超过 A 车间可提供的 400 h 的工时，即有限制条件（约束不等式）：

A: $5.5x_1+3x_2+x_3+3x_4 \leqslant 400$

B: $4.5x_1+12x_2+3x_3+8x_4 \leqslant 900$

C: $6x_1+8x_2+3x_3+6x_4 \leqslant 600$

考虑到 x_1,x_2,x_3,x_4 为生产各型号冰箱的数量，因而它们只能取正整数或零，用数学式表示，即 $x_i \geqslant 0\,(i=1,2,3,4)$.

上述不等式是关于决策变量 x_1,x_2,x_3,x_4 所必须满足的条件，表明 x_1,x_2,x_3,x_4 不能任意取值，故称它们为约束条件，把它们写在一起，即

$$\begin{cases} 5.5x_1+3x_2+2x_3+3x_4 \leqslant 400 \\ 4.5x_1+12x_2+3x_3+8x_4 \leqslant 900 \\ 6x_1+8x_2+3x_3+6x_4 \leqslant 600 \\ x_i \geqslant 0\,(i=1,2,3,4) \end{cases}$$

对于利润的最大化要求，生产甲型号冰箱 1 台利润为 100 元，生产甲型号冰箱 x_1 台利润为 $100x_1$ 元，同样生产乙、丙、丁型号冰箱利润分别为 $150x_2$ 元、$85x_3$ 元、$120x_4$ 元. 生产甲、乙、丙、丁 4 种型号冰箱的总利润为

$$Z=100x_1+150x_2+85x_3+120x_4$$

称 Z 为目标函数.

把上述问题归结为求目标函数在约束条件下的最大值问题，即

$$\max Z=100x_1+150x_2+85x_3+120x_4$$

$$\text{s.t.}\begin{cases} 5.5x_1+3x_2+2x_3+3x_4 \leqslant 400 \\ 4.5x_1+12x_2+3x_3+8x_4 \leqslant 900 \\ 6x_1+8x_2+3x_3+6x_4 \leqslant 600 \\ x_1 \geqslant 0,\ x_2 \geqslant 0,\ x_3 \geqslant 0,\ x_4 \geqslant 0 \end{cases}$$

例 2　甲、乙两地分别有货物 80 t 和 100 t，要送到 a,b,c 3 个地方，数量分别是 70 t、60 t 和 50 t，它们之间的距离如表 5.2 所示. 现要制订出最佳运输方案，使总的吨公里数达到最小.

表 5.2

距离/km 收点 发点	a	b	c	发货量/t
甲	5	4	8	80
乙	8	6	2	100
收货量/t	70	60	50	180

解 设第 i 个发点送到第 j 个收点的货物吨数为 x_{ij}（$i=$ 甲，乙；$j=a,b,c$），根据所给资料和要求，建立下列线性方程与线性不等式，构成约束条件：

$$\begin{cases} x_{甲a}+x_{甲b}+x_{甲c}=80 \\ x_{乙a}+x_{乙b}+x_{乙c}=100 \\ x_{甲a}+x_{乙a}=70 \\ x_{甲b}+x_{乙b}=60 \\ x_{甲c}+x_{乙c}=50 \\ x_{ij}\geqslant 0\ (i=甲，乙；j=a,b,c) \end{cases}$$

则总的运输量，即吨公里数为

$$Z=5x_{甲a}+4x_{甲b}+8x_{甲c}+8x_{乙a}+6x_{乙b}+2x_{乙c}$$

总的发货量（180 t）应等于总的收货量（180 t），求一组变量 x_{ij}（$i=$ 甲，乙；$j=a,b,c$）的值，使 Z 的值最小．上述问题记作：

$$\min Z=5x_{甲a}+4x_{甲b}+8x_{甲c}+8x_{乙a}+6x_{乙b}+2x_{乙c}$$

$$\text{s.t.}\begin{cases} x_{甲a}+x_{甲b}+x_{甲c}=80 \\ x_{乙a}+x_{乙b}+x_{乙c}=100 \\ x_{甲a}+x_{乙a}=70 \\ x_{甲b}+x_{乙b}=60 \\ x_{甲c}+x_{乙c}=50 \\ x_{ij}\geqslant 0\ (i=甲，乙；j=a,b,c) \end{cases}$$

上述两例描述的问题就是线性规划问题．可以看出，线性规划问题具有共同的特征：

（1）每一个问题都可以用一组变量（x_1，x_2，$\cdots$，x_n）表示某一方案，一般情形下，变量的取值是非负的．

（2）约束条件用线性等式或不等式来表示．

（3）都有一个目标函数，并且目标函数取得最大值或最小值．

（4）线性规划模型：

$$\max(\text{或} \min) Z = c_1 x_1 + c_1 x_2 + \cdots + c_n x_n$$

$$\text{s.t} \begin{cases} a_{11} x_1 + a_{12} x_2 + \cdots + a_{1n} x_n \leqslant b_1 \\ a_{21} x_1 + a_{22} x_2 + \cdots + a_{2n} x_n \leqslant b_2 \\ \cdots\cdots\cdots\cdots \\ a_{m1} x_1 + a_{m2} x_2 + \cdots + a_{mn} x_n \leqslant b_m \\ x_1, x_2, \cdots, x_n \geqslant 0 \end{cases} \qquad (5.1)$$

式中　Z——目标函数（取最大值或最小值）；

　　　x_i——决策变量（一般情况下非负）；

　　　c_i——价值系数；

例3　要制作 100 套钢筋架子，每套有 2.9 m、2.1 m 和 1.5 m 钢筋各一根. 已知原材料长 7.4 m，应如何切割使用原材料最省？

解　一种简单的做法，就是在每根 7.4 m 的原材料的钢筋上截取 2.9 m、2.1 m 和 1.5 m 的钢筋各一根，这样每根原材料都剩下 0.9 m 的料头无法利用. 为做 100 套钢筋架子需用原材料 100 根，料头总长 90 m. 为合理利用原材料，就是要使料头总长最少. 为此，我们考虑如何在原材料上套裁，下面几种方案都是能节省材料的较好方案，如表 5.3 所示.

表 5.3

长度/m ＼ 方案 ＼ 下料数	Ⅰ	Ⅱ	Ⅲ	Ⅳ	Ⅴ
2.9	1	2		1	
2.1			2	2	1
1.5	3	1	2		3
合计/m	7.4	7.3	7.2	7.1	6.6
料头/m	0	0.1	0.2	0.3	0.8

为了得到 100 套钢筋架子，需要混合使用各种下料方案. 设按Ⅰ方案下料的原材料根数为 x_1，按Ⅱ方案下料的原材料根数为 x_2，按Ⅲ方案下料的原材料根数为 x_3，按Ⅳ方案下料的原材料根数为 x_4，按Ⅴ号方案下料的原材料根数为 x_5，在满足需要根数的条件下，根据表 5.3 中的数据，列出如下约束条件：

$$\begin{cases} x_1 + 2x_2 + x_4 = 100 \\ 2x_3 + 2x_4 + x_5 = 100 \\ 3x_1 + x_2 + 2x_3 + 3x_5 = 100 \\ x_1 \geqslant 0, \ x_2 \geqslant 0, \ x_3 \geqslant 0, \ x_4 \geqslant 0, \ x_5 \geqslant 0 \end{cases}$$

目标函数就是使用料最少，即料头最少，则

$$\min Z = 0.1x_2 + 0.2x_3 + 0.3x_4 + 0.8x_5$$

上述问题描述为下列线性规划的数学模型：

$$\min Z = 0.1x_2 + 0.2x_3 + 0.3x_4 + 0.8x_5$$

$$\text{s.t.} \begin{cases} x_1 + 2x_2 + x_4 = 100 \\ 2x_3 + 2x_4 + x_5 = 100 \\ 3x_1 + x_2 + 2x_3 + 3x_5 = 100 \\ x_1 \geqslant 0, \ x_2 \geqslant 0, \ x_3 \geqslant 0, \ x_4 \geqslant 0, \ x_5 \geqslant 0 \end{cases}$$

课堂练习 5.1.1

1. 在初等数学中，我们如何求二次函数的极大（小）值？

2. 举例说明实际问题中最优解的含义.

5.1.2 建立线性规划数学模型的步骤

在线性规划问题中，满足约束条件的解称为可行解；所有可行解的集合称为可行解集；使目标函数取得最大值或最小值的可行解称为最优解；对应于最优解的目标函数值称为最优值.

（1）选取决策变量. 决策变量是规划问题要求确定的变量，如某种材料的消耗量，某种产品的生产量等. 如例1中的制订生产计划，就是要作出决策，即在现有条件下应生产各型号冰箱多少台.

（2）确定约束条件. 决策变量不能任意取值，受人力、物力、原材料等的制约，把这种限制条件列出来，建立一组不等式或等式.

（3）建立目标函数. 考虑追求的目标是利润最大或消耗最小等方面的因素，确定目标函数是取最大值还是最小值.

课堂练习 5.1.2

说明建立线性规划数学模型的步骤.

习题 5.1

1. 建立下列线性规划的数学模型:

（1）某工厂生产 A、B 两种产品，都需使用铜和铝两种金属材料，有关资料如表 5.4 所示. 问如何确定 A、B 产品的产量，使工厂获利最大?

表 5.4

原材料	A 产品单耗/t	B 产品单耗/t	可供材料数/t
铜	2	1	40
铝	1	3	30
单位产品利润/万元	3	4	

（2）某电站辅机厂生产的 4 t 快装锅炉，其原材料为 $\phi 63.5\,mm \times 4\,mm$ 的锅炉钢管，每台锅炉需要不同长度的这种锅炉钢管的数量如表 5.5 所示.

表 5.5

长度/mm	数量/根
2 640	8
1 770	42
1 651	35
1 440	1

库存原材料的长度有 7 200 mm，6 500 mm，5 500 mm 3 种规格. 假定仓库管理人员希望先将 5 500 mm 长的这批原材料用掉，问每台锅炉应该领取多少根钢管材料?

2. 某厂生产甲、乙、丙 3 种产品，需用 3 种原材料 A、B、C，生产 3 种产品每单位所需原材料、供应量及利润如表 5.6 所示，如何安排生产，利润最大? 写出这个问题的数学模型.

表 5.6

原材料	产品			供应量
	甲	乙	丙	
A	1	2	4	15
B	3	1	1	9
C	0	3	5	11
利润	2	6	5	

5.2 线性规划的图解法

对于两个变量的线性规划问题，可通过几何直观的方法，即通过画直线、确定区域、逐步推进的方法求最优解.

可行域：满足线性约束条件的解叫作可行解（合格者）；由所有可行解组成的集合叫作可行域.

最优解：使目标函数取得最大值或最小值的可行解叫作最优解（最优秀者）.

在平面直角坐标系中，我们可以把满足约束条件的不等式用直线或线段围成一个区域，再找出在此区域中，使目标函数 Z 取最大值或最小值的点.

5.2.1 直线和平面区域

直线上点集

$$\{(x, y)|Ax + By + C = 0\}$$

在平面直角坐标系中，直线把平面上的点分成 3 部分.

以直线 $x + y - 3 = 0$ 为例，所有的点被直线 $x + y - 3 = 0$ 分成 3 类（见图 5.1）：

（1）在直线 $x + y - 3 = 0$ 上；

（2）在直线 $x + y - 3 = 0$ 的左下方的平面区域内；

（3）在直线 $x + y - 3 = 0$ 的右上方的平面区域内.

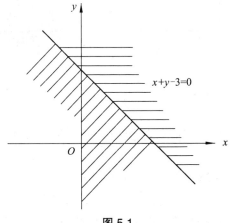

图 5.1

对于任意点(x_0, y_0)，把它的坐标代入$x + y - 3 = 0$，可得实数$x_0 + y_0 - 3$，此实数：

（1）或等于 0，即$x_0 + y_0 - 3 = 0$，则点(x_0, y_0)在直线$x + y - 3 = 0$上；

（2）或大于 0，即$x_0 + y_0 - 3 > 0$，则点(x_0, y_0)在直线$x + y - 3 = 0$的右上方；

（3）或小于 0，即$x_0 + y_0 - 3 < 0$，则点(x_0, y_0)在直线$x + y - 3 = 0$的左下方.

对于在直线$Ax + By + C = 0$同一侧的所有点(x, y)，将坐标(x, y)代入$Ax + By + C$，得到的符号都相同. 故只需要在此直线的某一侧取一个特殊点(x_0, y_0)，从$Ax_0 + By_0 + C$的正负，就可以判断点所在区域在直线的哪一侧.

例 1 画出不等式$2x + y - 6 < 0$表示的平面区域.

解 在直角坐标系中，作出直线$2x + y - 6 = 0$的图形，如图 5.2（a）所示.

取点（0，0），代入不等式左边得

$$2 \times 0 + 0 - 6 = -6 < 0$$

故原点在直线$2x + y - 6 = 0$的左下方. 不等式$2x + y - 6 < 0$所表示的区域如图 5.2（b）所示的阴影部分.

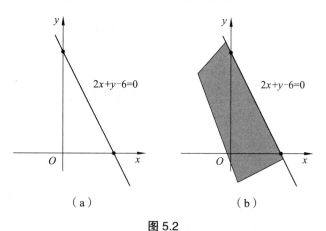

（a）　　　　　　　　（b）

图 5.2

例 2 画出下列不等式组所表示的平面区域：

（1）$\begin{cases} y < x \\ x + 2y \leqslant 4 \\ y \geqslant -1 \end{cases}$ （2）$\begin{cases} x + 2y \leqslant 4 \\ x \leqslant 3 \\ x、y \geqslant 0 \end{cases}$

解 （1）第 1 步：在直角坐标系中，作出直线$y = x$，并找出$y < x$的区域，如图 5.3（a）所示的阴影部分.

第 2 步：在同一坐标系中作出直线 $x + 2y = 4$，找出 $x + 2y \leqslant 4$ 的区域，即直线下方的部分，并标示于图 5.3（a）中，如图 5.3（b）所示的阴影部分.

第 3 步：在同一坐标系中作出直线 $y = -1$，找出 $y \geqslant -1$ 的区域，即 $y = -1$ 上方的部分，并标示于图 5.3（b）中，如图 5.3（c）所示的三角形阴影区域.

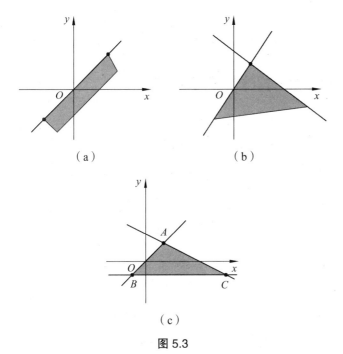

图 5.3

（2）用同样的方法画出约束条件（2）中所要求的区域，如图 5.4 所示的梯形阴影区域.

在平面直角坐标系 Ox_1x_2 中，点 (x_1, x_2) 代表 x_1, x_2 的一组值. 目标函数 $Z = c_1x_1 + c_2x_2$ 上的每一个值，都可以看作平面内一条直线 $c_1x_1 + c_2x_2 = Z$（见图 5.5）上的点，这条直线上的 Z 值相等，故称为等值线.

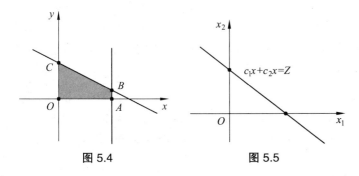

图 5.4   图 5.5

课堂练习 **5.2.1**

画出下列不等式组所表示的平面区域：

$$\begin{cases} 2x + y \geqslant 2 \\ x - y \leqslant 1 \\ x \geqslant 0, y \geqslant 0 \end{cases}$$

5.2.2 线性规划问题图解法

图解法就是对两个变量的线性规划问题，在平面可行区域内，找到 Z 值最优解的几何方法.

例3 用图解法解下列线性规划问题：

$$\max Z = -x_1 + x_2$$

$$\text{s.t.} \begin{cases} x_1 + x_2 \leqslant 5 \\ -2x_1 + x_2 \leqslant 2 \\ x_1 - 2x_2 \leqslant 2 \\ x_1, x_2 \geqslant 0 \end{cases}$$

解 （1）分析约束条件，作出可行域的图形，如图 5.6（a）所示. 同时满足所有约束条件的点，位于五边形 $OABCD$ 的内部或边界上.

上述五边形 $OABCD$ 所围成的区域，称为线性规划问题的可行域. 可行域上的任意一个点，称为线性规划问题的一个可行解. 本题的要求是在可行域内找出一个可行解 (x_1, x_2)，使其对应的目标函数 $Z = -x_1 + x_2$ 取得最大值.

（2）考虑目标函数 $Z = -x_1 + x_2$，作出目标函数的等值线. 对于给定的 Z，$-x_1 + x_2 = Z$ 表示平面上的一条直线. 由于该直线上的任意一点对应的目标函数值都相等，因此，此直线称为目标函数的等值线，如图 5.6（b）所示. 如果给定 $Z = 0$，直线 $-x_1 + x_2 = 0$ 是目标函数的一条等值线. 如果把 Z 看作参数，则 $-x_1 + x_2 = Z$ 表示目标函数的一族平行的等值线. 可以看出，随着 Z 值的增大，等值线逐渐沿着图 5.6（b）中的箭头方向平行移动；反之，随着 Z 值的减少，等值线逐渐沿着箭头的反方向平行移动.

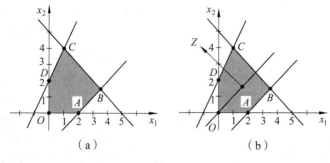

图 5.6

（3）向 Z 值增大的方向平行移动等值线，力求目标函数取得最大值．因此，我们一方面要使 Z 值尽可能大，另一方面，又要使等值线与可行域相交．在移动过程中，发现点 C 点就是我们所要寻求的点．即解方程组

$$\begin{cases} -2x_1 + x_2 = 2 \\ x_1 + x_2 = 5 \end{cases}$$

得 $x_1 = 1$，$x_2 = 4$，即 C 点的坐标为（1,4）．

此时，$x_1 = 1$，$x_2 = 4$ 就称为线性规划问题的最优解；其对应的目标函数的值 $Z = -1 + 4 = 3$，称之为线性规划问题的最优值．

用图解法求两个变量线性规划问题的解的步骤如下：

（1）在平面上作出满足约束条件的可行域，可行域是各个约束条件所表示的各个平面的公共部分．

（2）将目标函数中的 Z 视为参数，如果求目标函数的最大值，一般从 $Z = 0$ 开始，使 Z 值逐渐增加，朝 Z 值增加的方向平行移动直线 $c_1 x_1 + c_2 x_2 = 0$，使之与可行域有公共点，并且不断向 Z 值增加的方向平行移动，直到直线平行移动到与可行域边界仅有一个交点，如果此时 Z 值再增加，则直线平移将与可行域没有任何公共点，则此交点就是所求的最优解．

当然，实际问题可能有最优解，也可能无最优解，甚至可能有无穷多个最优解．

例 4 用图解法解下列线性规划问题：

$$\max Z = x + y$$

$$\text{s.t.} \begin{cases} x + y \leqslant 6 \\ x + 2y \leqslant 8 \\ y \leqslant 3 \\ x, y \geqslant 0 \end{cases}$$

解 （1）求可行域.

在平面直角坐标系内，作出满足条件的直线及所围成的区域，得到如图 5.7（a）所示的凸多边形 $OABCD$.

（2）求目标函数的最优值.

将 $Z = x + y$ 中的 Z 看作参数，令 $Z = 0, 1, 2, \cdots$ 得一束平行线，Z 在平行移动过程中逐渐增加，可以看出，线段 AB 上所有的点都是最优解，如图 5.7（b）所示. 这时点 A 的坐标为 $(6, 0)$，点 B 的坐标为 $(4, 2)$，对应目标函数的最大值 $Z = x + y = 6$. 该例说明，线性规划问题可能有无穷多个最优解.

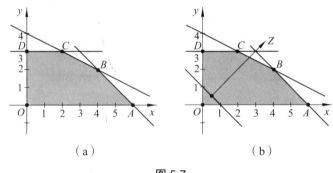

图 5.7

线性规划问题的图解法虽然比较直观，但应用范围很小，一般只能用来解决两个变量的线性规划问题，而在实际问题中，只有两个变量的线性规划问题是很少的. 如果变量个数较多，要找出最优解是很困难的. 我们就要用一种新的求解线性规划问题的方法——单纯形法，具体求解过程可以通过计算机中 MATLAB 或 LINGO 等软件来实现. 因此，学习图解法主要是理解线性规划问题解的几何意义和解的基本情况，并了解优化问题求解的基本思想.

课堂练习 5.2.2

说明线性规划数学图解法的步骤.

习题 5.2

用图解法求解下列线性规划问题：

（1） $\max Z = 2x_1 + 2x_2$

s.t. $\begin{cases} x_1 - x_2 \geqslant 1 \\ x_1 - 2x_2 \geqslant 0 \\ x_1, x_2 \geqslant 0 \end{cases}$

（2） $\min Z = 2x_1 + 2x_2$

s.t. $\begin{cases} x_1 + x_2 \geqslant 1 \\ x_1 - 3x_2 \geqslant -3 \\ x_1 \leqslant 3 \\ x_1, x_2 \geqslant 0 \end{cases}$

（3） $\max Z = 5x_1 + 4x_2$

s.t. $\begin{cases} 2x_1 - 2x_2 \leqslant 4 \\ x_1 + 2x_2 \leqslant 6 \\ 5x_1 + 3x_2 \leqslant 15 \\ x_1, x_2 \geqslant 0 \end{cases}$

（4） $\min Z = 6x_1 + 4x_2$

s.t. $\begin{cases} 2x_1 + x_2 \geqslant 1 \\ 3x_1 + 4x_2 \geqslant 1.5 \\ x_1, x_2 \geqslant 0 \end{cases}$

主要知识点小结

本章主要讨论线性规划模型的建立和两个变量的线性规划图解法.

（1）建立线性规划模型的步骤：

① 根据实际问题选取决策变量. 制订生产计划，就是要作出决策，即在现有条件下应生产产品的数量或消耗等.

② 确定约束条件. 决策变量不能任意取值，受人力、物力、原材料等的制约，列出等式或不等式.

③ 建立目标函数. 考虑追求的目标是利润最大或消耗最小等方面的因素，写出目标函数.

（2）图解法求解两个变量的线性规划模型的步骤：

① 将规划问题化为标准型；

② 作出平面直角坐标系；

③ 找出可行域；

④ 确定使目标函数增加或减少的变化方向；

⑤ 找出使目标函数增加达到最大值或减小达到最小值在可行区域内的点；

⑥ 确定目标函数的最大值或最小值，或确定问题无解.

测试题 5

1. 建立下述问题的线性规划模型（不必求解）：

（1）某房地产公司有水泥 120 单位、木材 180 单位、钢筋 650 单位，用来建造甲型和乙型房屋. 建造甲型房屋需要水泥、木材、钢筋分别为 3，2，3 单位，每栋售价 120 万元；建造乙型房屋需要水泥、木材、钢筋分别为 2，1，4 单位，每栋售价 180 万元，如何安排建设，才能使售价最大？

（2）某工地需要 600 根长 90 cm 的钢管和 400 根 70 cm 的钢管，各长度钢管由长 300 cm 的钢管切割. 问如何下料，使用料最省？

2. 求解下列线性规划问题：

（1）$\max Z = 2x_1 + 5x_2$

$$\text{s.t.} \begin{cases} x_1 \leqslant 4 \\ x_2 \leqslant 3 \\ x_1 + 2x_2 \leqslant 8 \\ x_1, x_2 \geqslant 0 \end{cases}$$

（2）$\min Z = -x_1 + 5x_2$

$$\text{s.t.} \begin{cases} 2x_1 - 4x_2 \leqslant 7 \\ x_1 + 5x_2 = 3 \\ 3x_1 - x_2 \geqslant 2 \\ x_1, x_2 \geqslant 0 \end{cases}$$

（3）$\max Z = 10x_1 + 18x_2$

$$\text{s.t.} \begin{cases} 5x_1 + 2x_2 \leqslant 170 \\ 2x_1 + 3x_2 \leqslant 100 \\ x_1 + 5x_2 \leqslant 150 \\ x_1, x_2 \geqslant 0 \end{cases}$$

6 极限与连续

我们来看下面的两个问题：

观察一个无穷数列 $1, \dfrac{1}{2}, \dfrac{1}{3}, \dfrac{1}{4}, \cdots$ 当项数 n 无限增大时，该数列的第 n 项即 $a_n = \dfrac{1}{n}$ 的值无限趋近于多少？

函数 $y = x + 1$，当 x 无限趋近于 1 时，对应的函数 $y = x + 1$ 的值无限趋近于多少？

要解决此类问题，都要用到极限的相关知识.

本章将学习数列的极限、函数的极限、极限的运算，并用极限讨论函数的连续性问题.

6.1 数列的极限

6.1.1 数列的极限

已知一个无穷数列 $\{a_n\}$：$1, \dfrac{1}{2}, \dfrac{1}{3}, \dfrac{1}{4}, \cdots, \dfrac{1}{n}$，我们先来观察，当项数 n 无限增大时，这个无穷数列 $\{a_n\}$ 的变化趋势.

当项数 n 从 1 开始逐渐增大时，即 n 取 1, 2, 3, 4, 5, 6, 7, 8, 9, 10, 11, 12, 13 时，对应的数列项 a_n 的值（近似数保留小数后 3 位）为

$$1, 0.5, 0.333, 0.25, 0.2, 0.167, 0.143, 0.125,$$
$$0.111, 0.1, 0.091, 0.083, 0.077$$

由此可以看出，n 的值越大，对应的 a_n 越小，且越来越接近于 0. 故当数列的项数 n 无限增大时，数列的项 a_n 的值无限趋近于 0. 对于这种变化趋势，我们给出下面的定义：

一般地，如果无穷数列 $\{a_n\}$ 的项数 n 无限增大时，数列的项 a_n 的值无限趋近于一个确定的常数 A，那么 A 就叫作**数列 $\{a_n\}$ 的极限**（limit）. 记作

$$\lim_{n\to\infty} a_n = A \quad \text{或} \quad a_n \to A \text{（当 } n \to \infty \text{ 时）}$$

读作"当 n 趋向于无穷大时，数列 $\{a_n\}$ 的极限等于 A".

因此，上面数列的极限可记作

$$\lim_{n\to\infty} \frac{1}{n} = 0$$

注意：不是任何无穷数列都有极限.

如数列 $\{2^n\}$，当 n 无限增大时，$a_n = 2^n$ 也无限增大，不能无限趋近于一个确定的常数，因此，这个数列没有极限.

又如数列 $\{(-1)^n\}$，当 n 无限增大时，$a_n = (-1)^n$ 在 1 与 -1 两个数上来回跳动，不能无限趋近于一个确定的常数，因此，这个数列也没有极限.

例 1 判断下面数列是否有极限，如果有，写出它们的极限.

（1）$1, 1, 1, \cdots, 1, \cdots$

（2）$1, 2, 3, 4, \cdots, n, \cdots$

（3）$\dfrac{1}{2},\dfrac{1}{4},\dfrac{1}{8},\dfrac{1}{16},\cdots,\dfrac{1}{2^n},\cdots$

解 （1）这个数列是常数列，通项 $a_n=1$，无论 n 怎么变化，数列 $\{a_n\}$ 的值总是 1，那么数列的极限是 1，即

$$\lim_{n\to\infty}1=1$$

（2）这个数列是公差 $d=1$ 的等差数列，通项是 $a_n=n$，可以看出，当 n 无限增大时，$a_n=n$ 也无限增大，不能趋近于一个确定的常数，因此，这个数列没有极限.

（3）这个数列是公比 $q=\dfrac{1}{2}$ 的等比数列，通项是 $a_n=\dfrac{1}{2^n}$，可以看出，当 n 无限增大时，2^n 无限增大，则 $a_n=\dfrac{1}{2^n}$ 无限趋近于 0，即

$$\lim_{n\to\infty}\dfrac{1}{2^n}=0$$

由此例可得下面的结论：

$$\lim_{n\to\infty}C=C \quad （C 为常数）$$

$$\lim_{n\to\infty}q^n=0 \quad （|q|<1）$$

课堂练习 6.1.1

已知数列 $\left\{\dfrac{n}{n+1}\right\}$，写出这个数列的前 5 项，并观察当 n 无限增大时，数列的值的变化情况.

6.1.2 数列极限的四则运算

对于简单的数列，可以通过观察其变化趋势，得到它们的极限值，为了解决较复杂的数列极限的计算问题，下面给出数列极限的运算法则（证明从略）.

数列极限的四则运算法则：如果 $\lim\limits_{n\to\infty}a_n=A$，$\lim\limits_{n\to\infty}b_n=B$，则有

（1）$\lim\limits_{n\to\infty}(a_n\pm b_n)=\lim\limits_{n\to\infty}a_n\pm\lim\limits_{n\to\infty}b_n=A\pm B$；

（2）$\lim\limits_{n\to\infty}(a_n\cdot b_n)=\lim\limits_{n\to\infty}a_n\cdot\lim\limits_{n\to\infty}b_n=A\cdot B$；

（3）$\lim\limits_{n\to\infty} C\cdot a_n = C\cdot \lim\limits_{n\to\infty} a_n = C\cdot A$（$C$ 为常数）；

（4）$\lim\limits_{n\to\infty}\dfrac{a_n}{b_n} = \dfrac{\lim\limits_{n\to\infty} a_n}{\lim\limits_{n\to\infty} b_n} = \dfrac{A}{B}$（$B\neq 0$）.

例2 求下列极限：

（1）$\lim\limits_{n\to\infty}\left(1-\dfrac{1}{2^n}\right)$；

（2）$\lim\limits_{n\to\infty}\left(\dfrac{2}{n}+\dfrac{1}{n^2}\right)$；

（3）$\lim\limits_{n\to\infty}\left(3+\dfrac{1}{n}\right)^2$；

（4）$\lim\limits_{n\to\infty}\dfrac{3n-1}{5n+2}$.

解（1）$\lim\limits_{n\to\infty}\left(1-\dfrac{1}{2^n}\right) = \lim\limits_{n\to\infty}1 - \lim\limits_{n\to\infty}\dfrac{1}{2^n} = 1-0 = 0$

（2）$\lim\limits_{n\to\infty}\left(\dfrac{2}{n}+\dfrac{1}{n^2}\right) = \lim\limits_{n\to\infty}\dfrac{2}{n} + \lim\limits_{n\to\infty}\dfrac{1}{n^2} = 2\lim\limits_{n\to\infty}\dfrac{1}{n} + 0$

$\qquad\qquad = 2\times 0 + 0 = 0$

（3）$\lim\limits_{n\to\infty}\left(3+\dfrac{1}{n}\right)^2 = \lim\limits_{n\to\infty}\left(3+\dfrac{1}{n}\right)\cdot\lim\limits_{n\to\infty}\left(3+\dfrac{1}{n}\right)$

$\qquad\qquad = \left[\lim\limits_{n\to\infty}\left(3+\dfrac{1}{n}\right)\right]^2 = \left[\lim\limits_{n\to\infty}3 + \lim\limits_{n\to\infty}\dfrac{1}{n}\right]^2 = 9$

（4）当 n 无限增大时，分式的分子、分母都无限增大，极限都不存在，不能直接用商的运算法则. 如果将分式的分子、分母都除以 n，则分子、分母都有极限，因此，可以用数列商的极限运算法则来计算，即有

$$\lim\limits_{n\to\infty}\dfrac{3n-1}{5n+2} = \lim\limits_{n\to\infty}\dfrac{3-\dfrac{1}{n}}{5+\dfrac{2}{n}} = \dfrac{\lim\limits_{n\to\infty}\left(3-\dfrac{1}{n}\right)}{\lim\limits_{n\to\infty}\left(5+\dfrac{2}{n}\right)} = \dfrac{\lim\limits_{n\to\infty}3 - \lim\limits_{n\to\infty}\dfrac{1}{n}}{\lim\limits_{n\to\infty}5 + \lim\limits_{n\to\infty}\dfrac{2}{n}} = \dfrac{3-0}{5+0} = \dfrac{3}{5}$$

课堂练习 6.1.2

求下列极限：

（1）$\lim\limits_{n\to\infty}\left(1-\dfrac{2}{n}\right)\left(1+\dfrac{2}{n}\right)$；　　（2）$\lim\limits_{n\to\infty}\dfrac{n}{2n+1}$.

习题 6.1

1. 判断下列数列，当 $n \to \infty$ 时是否有极限，如果有，写出它们的极限：

（1）$a_n = 3^n$；

（2）$a_n = \left(\dfrac{1}{3}\right)^n$；

（3）$a_n = 3$；

（4）$a_n = \dfrac{5n}{8n+3}$．

2. 求下列极限：

（1）$\lim\limits_{n \to \infty}\left(2 - \dfrac{3}{n} + \dfrac{4}{n^2}\right)$；

（2）$\lim\limits_{n \to \infty}\dfrac{3n-2}{2n+1}$；

（3）$\lim\limits_{n \to \infty}\dfrac{n^3-1}{n^3+1}$；

（4）$\lim\limits_{n \to \infty}\dfrac{n^2-2n+1}{n^2+2n+1}$．

6.2 函数的极限

前一节我们学习了数列的极限及其运算法则. 由于数列的通项公式用 $a_n = f(n)$ 来表示, 即数列的项 a_n 是项数 n 的函数, 因此, 数列的极限也可看作是函数极限的特殊情形. 下面我们来讨论一般函数 $y = f(x)$ 的极限.

函数的极限与自变量的变化趋势密切相关, 我们主要研究以下几种自变量的不同变化趋势下函数的极限:

（1）当 $x > 0$ 且 $|x|$ 无限增大, 即 $x \to +\infty$ 时, 函数 $f(x)$ 的极限;

（2）当 $x < 0$ 且 $|x|$ 无限增大, 即 $x \to -\infty$ 时, 函数 $f(x)$ 的极限;

（3）当 $|x|$ 无限增大, 即 $x \to \infty$ 时, 函数 $f(x)$ 的极限;

（4）当 $x < x_0$, 且无限趋近于 x_0, 即 $x \to x_0 - 0$ 时, 函数 $f(x)$ 的极限;

（5）当 $x > x_0$, 且无限趋近于 x_0, 即 $x \to x_0 + 0$ 时, 函数 $f(x)$ 的极限;

（6）当 x 无限趋近于 x_0, 即 $x \to x_0$ 时, 函数 $f(x)$ 的极限.

6.2.1 当 $x \to \infty$ 时, 函数 $f(x)$ 的极限

我们讨论当 $x \to +\infty$ 时, 函数 $y = \dfrac{1}{x}$ 的变化趋势, 如图 6.1 所示.

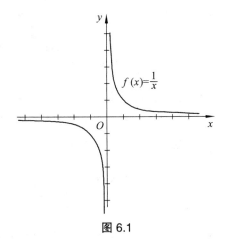

图 6.1

从图 6.1 可以看出，当 x 取正值并无限增大时，右上支曲线无限接近于 x 轴，函数 $y = \dfrac{1}{x}$ 的值无限趋近于常数 0 .

根据这种变化趋势，当 x 趋向于正无穷大时，函数 $y = \dfrac{1}{x}$ 的极限是 0 ，记作

$$\lim_{x \to +\infty} \frac{1}{x} = 0$$

同样的，我们讨论当 $x \to -\infty$ 时，函数 $y = \dfrac{1}{x}$ 的变化趋势. 从图 6.1 可以看出，当 x 取负值并且它的绝对值无限增大时，左下支曲线也无限接近于 x 轴，函数 $y = \dfrac{1}{x}$ 的值无限趋近于常数 0 .

根据这种变化趋势，当 x 趋向于负无穷大时，函数 $y = \dfrac{1}{x}$ 的极限是 0 ，记作

$$\lim_{x \to -\infty} \frac{1}{x} = 0$$

一般地，当自变量 x 取正值并且无限增大时，如果函数 $f(x)$ 无限趋近于一个确定的常数 A ，那么就说当 $x \to +\infty$ 时，函数 $f(x)$ 的极限是 A ，记作

$$\lim_{x \to +\infty} f(x) = A$$

或当 $x \to +\infty$ 时， $f(x) \to A$.

当自变量 x 取负值并且其绝对值无限增大时，如果函数的值无限趋近于一个确定的常数 A ，那么就说当 $x \to -\infty$ 时，函数 $f(x)$ 的极限是 A ，记作

$$\lim_{x \to -\infty} f(x) = A$$

或当 $x \to -\infty$ 时， $f(x) \to A$.

如果 $\lim\limits_{x \to +\infty} f(x) = A$ 且 $\lim\limits_{x \to -\infty} f(x) = A$ ，那么就说当 $x \to \infty$ 时，函数 $f(x)$ 的极限是 A ，记作

$$\lim_{x \to \infty} f(x) = A$$

或当 $x \to \infty$ 时， $f(x) \to A$.

对于常数函数 $f(x) = C \ (x \in R)$ ，也有 $\lim\limits_{x \to \infty} f(x) = C$.

例1　求当自变量 x 趋向于 ∞ 时下列各函数的极限.

（1）$y = \left(\dfrac{1}{2}\right)^x$；（2）$y = 2^x$；（3）$f(x) = \begin{cases} 1 & x \in [0, +\infty) \\ -1 & x \in (-\infty, 0) \end{cases}$.

解　（1）当 $x \to +\infty$ 时，$y = \left(\dfrac{1}{2}\right)^x$ 无限趋近于 0，即

$\lim\limits_{x \to +\infty} \left(\dfrac{1}{2}\right)^x = 0$；当 $x \to -\infty$ 时，$y = \left(\dfrac{1}{2}\right)^x$ 趋向于正无穷大，

不能趋近于一个确定的常数，即 $\lim\limits_{x \to -\infty} \left(\dfrac{1}{2}\right)^x$ 不存在，如图 6.2

（a）所示. 所以，当 $x \to \infty$ 时，$y = \left(\dfrac{1}{2}\right)^x$ 的极限不存在，即

$\lim\limits_{x \to \infty} \left(\dfrac{1}{2}\right)^x$ 不存在.

（2）当 $x \to +\infty$ 时，$y = 2^x$ 趋向于正无穷大，不能趋近于一个确定的常数，即 $\lim\limits_{x \to +\infty} 2^x$ 不存在；当 $x \to -\infty$ 时，$y = 2^x$ 无限趋近于 0，即 $\lim\limits_{x \to -\infty} 2^x = 0$，如图 6.2（a）所示. 所以，当 $x \to \infty$ 时，$y = 2^x$ 的极限不存在，即 $\lim\limits_{x \to \infty} 2^x$ 不存在.

（3）当 $x \to +\infty$ 时，$f(x)$ 的值保持为 1，即 $\lim\limits_{x \to +\infty} f(x) = 1$；当 $x \to -\infty$ 时，$f(x)$ 的值保持为 -1，即 $\lim\limits_{x \to -\infty} f(x) = -1$，如图 6.2（b）所示. 虽然当自变量 $x \to +\infty$ 和 $x \to -\infty$ 时，函数 $f(x)$ 的极限都存在，但由于这两个极限不相等，即 $\lim\limits_{x \to +\infty} f(x) \ne \lim\limits_{x \to -\infty} f(x)$. 所以，当 $x \to \infty$ 时，该函数 $f(x)$ 的极限不存在，即 $\lim\limits_{x \to \infty} f(x)$ 不存在.

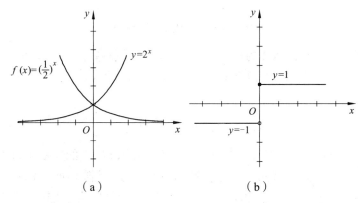

（a）　　　　　　　（b）

图 6.2

课堂练习 **6.2.1**

已知 $f(x) = \dfrac{x}{|x|}$，当 $x \to \infty$ 时，其极限为（　　）.

A. 1

B. 1 或 -1

C. 不存在

D. 0

6.2.2　当 $x \to x_0$ 时，函数 $f(x)$ 的极限

我们讨论当 x 无限趋近于 1 时，函数 $y = x + 1$ 的变化趋势，如图 6.3 所示.

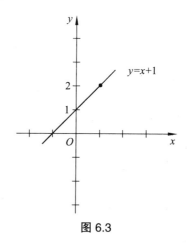

图 6.3

当自变量 x 从 1 的左侧（这时 $x < 1$）无限趋近于 1 时，如 x 取 $0.9, 0.99, 0.999, 0.999\,9, \cdots$ 时，对应的函数 $y = x + 1$ 的值相应为

$$1.9, 1.99, 1.999, 1.999\,9, \cdots$$

而当自变量 x 从 1 的右侧（这时 $x > 1$）无限趋近于 1 时，如 x 取 $1.1, 1.01, 1.001, 1.000\,1, \cdots$ 时，对应的函数 $y = x + 1$ 的值相应为

$$2.1, 2.01, 2.001, 2.000\,1, \cdots$$

由此可以看出，当自变量 x 从 x 轴上表示 1 的点的左侧（这时 $x < 1$），或者从这点的右侧（这时 $x > 1$）无限趋近于 1 时，函数 $f(x) = x + 1$ 的值都无限趋近于 2，于是，当 x 无限趋近于 1 时，函数 $y = x + 1$ 的极限是 2，记作

$$\lim_{x \to 1}(x+1) = 2$$

我们再来讨论当 x 无限趋近于 1（但不等于 1）时，函数 $y = \dfrac{x^2-1}{x-1}$ 的变化趋势，如图 6.4 所示.

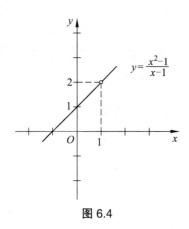

图 6.4

函数 $y = \dfrac{x^2-1}{x-1}$，即 $y = x+1$（$x \in \{x \mid x \neq 1\}$）. 它的定义域不包括 $x=1$，即函数 $y = \dfrac{x^2-1}{x-1}$ 在 $x=1$ 处无定义，但当 x 从 x 轴上点 1 的左、右两侧无限趋近于 1（但不等于 1）时，函数 $y = \dfrac{x^2-1}{x-1}$ 的值都无限趋近于 2（见图 6.4），于是，当 x 无限趋近于 1（但不等于 1）时，函数 $y = \dfrac{x^2-1}{x-1}$ 的极限是 2，记作

$$\lim_{x \to 1} \frac{x^2-1}{x-1} = 2$$

一般地，当自变量 x 无限趋近于常数 x_0（但不等于 x_0）时，如果函数 $f(x)$ 无限趋近于常数 A，就说当 x 趋近于 x_0 时，函数 $f(x)$ 的极限是 A，记作

$$\lim_{x \to x_0} f(x) = A$$

或当 $x \to x_0$ 时，$f(x) \to A$.

由此可见，函数 $f(x)$ 在 $x = x_0$ 处的极限值 $\lim\limits_{x \to x_0} f(x)$ 与函数 $f(x)$ 在 $x = x_0$ 处有无函数值 $f(x_0)$ 无关.

例2 当 $x \to 3$ 时，写出下列函数的极限：

（1）$f(x) = x$；   （2）$f(x) = x^2$；   （3）$f(x) = 2^x$；

（4）$f(x) = \log_3 x$ ；　　（5）$f(x) = 2$.

解　（1）$\lim\limits_{x \to 3} x = 3$

（2）$\lim\limits_{x \to 3} x^2 = 9$

（3）$\lim\limits_{x \to 3} 2^x = 8$

（4）$\lim\limits_{x \to 3} \log_3 x = 1$

（5）$f(x) = 2$ 是常数函数，函数值始终等于常数 2 . 由函数极限的定义容易得出

$$\lim\limits_{x \to 3} 2 = 2$$

一般地，设 C 为常数，则

$$\lim\limits_{x \to x_0} C = C$$

课堂练习 6.2.2

已知 $f(x) = \dfrac{x-2}{x^2 - 5x + 6}$，当 $x \to 2$ 时，其极限为（　　）.

A. 1　　　　　　　　　　B. −1

C. 不存在　　　　　　　D. 0

6.2.3　当 $x \to x_0$ 时，函数 $f(x)$ 的左、右极限

对于 $\lim\limits_{x \to x_0} f(x) = A$ 中的 $x \to x_0$，应理解为 x 趋近 x_0 方式的任意性，且不要求 $x = x_0$. 当然可以从 x_0 点的左侧无限趋近于 x_0，也可以从 x_0 点的右侧无限趋近于 x_0 . 但 x 不论以何种方式无限趋近 x_0，函数 $f(x)$ 都无限趋近于常数 A .

下面要讨论的是函数的"单侧"极限，即自变量 x 只能从表示 x_0 的某一侧无限趋近于 x_0 时，函数 $f(x)$ 的极限.

先考虑函数 $f(x) = \begin{cases} x-1 & x \in (0, +\infty) \\ 0 & x = 0 \\ x+1 & x \in (-\infty, 0) \end{cases}$

如图 6.5 所示，当 x 从原点 O 的左侧无限趋近于 0 时，函数 $f(x)$ 无限趋近于 1；当 x 从原点 O 的右侧无限趋近于 0 时，函数 $f(x)$ 无限趋近于 −1.

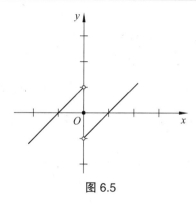

图 6.5

于是，当 x 从 0 的左侧无限趋近于 0 时，该函数的左极限为 1，记作

$$f(0-0) = \lim_{x \to 0^-} f(x) = 1$$

同样，当 x 从 0 的右侧无限趋近于 0 时，该函数的右极限为 -1，记作

$$f(0+0) = \lim_{x \to 0^+} f(x) = -1$$

由此得出左、右极限的定义：一般地，如果当 x 从点 $x = x_0$ 的左侧（$x < x_0$）无限趋近于 x_0 时，函数 $f(x)$ 无限趋近于常数 A，就说 A 是函数 $f(x)$ 在点 x_0 的**左极限**，记作

$$f(x_0 - 0) = \lim_{x \to x_0^-} f(x) = A$$

同样，如果当 x 从点 $x = x_0$ 的右侧（$x > x_0$）无限趋近于 x_0 时，函数 $f(x)$ 无限趋近于常数 A，就说 A 是函数 $f(x)$ 在点 x_0 的**右极限**，记作

$$f(x_0 + 0) = \lim_{x \to x_0^+} f(x) = A$$

对于函数 $f(x) = \begin{cases} x-1 & x \in (0, +\infty) \\ 0 & x = 0 \\ x+1 & x \in (-\infty, 0) \end{cases}$，函数 $f(x)$ 在点 $x = 0$ 处的左、右极限虽然都存在，但 $\lim\limits_{x \to x_0^-} f(x) \neq \lim\limits_{x \to x_0^+} f(x)$，所以函数 $f(x)$ 在点 $x = 0$ 处无极限，即 $\lim\limits_{x \to 0} f(x)$ 不存在.

关于左右极限，有如下结论：

$$\lim_{x \to x_0} f(x) = A \Leftrightarrow \lim_{x \to x_0^-} f(x) = A \text{ 且 } \lim_{x \to x_0^+} f(x) = A$$

课堂练习 6.2.3

已知 $f(x) = \dfrac{x}{|x|}$，当 $x \to 0$ 时，其极限为（   ）.

A. 1   B. 1 或 –1

C. 不存在   D. 0

习题 6.2

1. 写出下列极限值：

（1） $\lim\limits_{x \to \infty} \dfrac{x}{x+1}$ ；

（2） $\lim\limits_{x \to \infty} \dfrac{1}{x+1}$ ；

（3） $\lim\limits_{x \to +\infty} \left(\dfrac{1}{2}\right)^x$ ；

（4） $\lim\limits_{x \to -\infty} 2^x$.

2. 写出下列极限值：

（1） $\lim\limits_{x \to \frac{1}{2}} (2x+1)$ ；

（2） $\lim\limits_{x \to 2} \dfrac{3x-6}{x-2}$ ；

（3） $\lim\limits_{x \to -1^+} \sqrt{x+1}$ ；

（4） $\lim\limits_{x \to 0^-} \lg(1-x)$.

3. 设 $f(x) = \begin{cases} x^2 & x \in (-\infty,\ 0) \\ 0 & x = 0 \\ 2^x & x \in (0,\ +\infty) \end{cases}$，求 $x \to 0$ 时，$f(x)$ 的左、

右极限，并说明当 $x \to 0$ 时，$f(x)$ 的极限是否存在.

4. 试说明下列极限不存在的理由：

（1） $\lim\limits_{x \to \infty} x^2$ ；

（2） $\lim\limits_{x \to \infty} 2^x$ ；

（3） $\lim\limits_{x \to \infty} \sin x$.

6.3　函数极限的四则运算

对于一些简单的函数, 可以通过观察函数值的变化趋势而得出函数的极限; 对于比较复杂的函数, 就需要通过极限的运算法则来计算出函数的极限. 下面给出函数极限的四则运算法则（证明从略）:

如果 $\lim\limits_{x \to x_0} f(x) = A$, $\lim\limits_{x \to x_0} g(x) = B$, 那么

（1）$\lim\limits_{x \to x_0} \left[f(x) \pm g(x) \right] = \lim\limits_{x \to x_0} f(x) \pm \lim\limits_{x \to x_0} g(x) = A \pm B$;

（2）$\lim\limits_{x \to x_0} \left[f(x) \cdot g(x) \right] = \lim\limits_{x \to x_0} f(x) \cdot \lim\limits_{x \to x_0} g(x) = A \cdot B$;

（3）$\lim\limits_{x \to x_0} \left[Cf(x) \right] = C \cdot \lim\limits_{x \to x_0} f(x) = C \cdot A$（$C$ 为常数）;

（4）$\lim\limits_{x \to x_0} \left[f(x) \right]^n = \left[\lim\limits_{x \to x_0} f(x) \right]^n = A^n$;

（5）$\lim\limits_{x \to x_0} \dfrac{f(x)}{g(x)} = \dfrac{\lim\limits_{x \to x_0} f(x)}{\lim\limits_{x \to x_0} g(x)} = \dfrac{A}{B}$（$B \neq 0$）.

这些法则对于 $x \to \infty$ 的情况仍然成立.

例 1　求 $\lim\limits_{x \to 1} \dfrac{2x^2 + x + 1}{x^2 + 2x - 1}$

解　$\lim\limits_{x \to 1} \dfrac{2x^2 + x + 1}{x^2 + 2x - 1} = \dfrac{\lim\limits_{x \to 1}(2x^2 + x + 1)}{\lim\limits_{x \to 1}(x^2 + 2x - 1)}$

$$= \dfrac{\lim\limits_{x \to 1} 2x^2 + \lim\limits_{x \to 1} x + \lim\limits_{x \to 1} 1}{\lim\limits_{x \to 1} x^2 + \lim\limits_{x \to 1} 2x - \lim\limits_{x \to 1} 1}$$

$$= \dfrac{2 \times 1^2 + 1 + 1}{1^2 + 2 \times 1 - 1} = 2$$

例 1 说明, 求某些函数在某一点 $x = x_0$ 处的极限值, 只要把 $x = x_0$ 代入函数的解析式中, 就可得到极限值.

例 2　求 $\lim\limits_{x \to 2} \dfrac{x^2 - 4}{x - 2}$

分析: 如果把 $x = 2$ 直接代入 $\dfrac{x^2 - 4}{x - 2}$, 那么分子、分母都为 0, 即当 $x \to 2$ 时, 分子、分母的极限都为 0, 所以不能用简单的代入法来求这个极限. 因为所求的极限只取决于 $x = 2$ 处附近函数值确定的变化趋势. 所以可以先把分子因式分解, 约去公因式 $x - 2$, 然后再求极限值.

解　$\lim\limits_{x \to 2} \dfrac{x^2 - 4}{x - 2} = \lim\limits_{x \to 2} \dfrac{(x+2)(x-2)}{x-2}$

$\qquad\qquad = \lim\limits_{x \to 2}(x+2) = \lim\limits_{x \to 2} x + \lim\limits_{x \to 2} 2$

$\qquad\qquad = 2 + 2 = 4$

例3　求 $\lim\limits_{x \to \infty}\left[\left(1 - \dfrac{2}{x}\right)\left(3 + \dfrac{4}{x^2}\right)\right]$

解　$\lim\limits_{x \to \infty}\left[\left(1 - \dfrac{2}{x}\right)\left(3 + \dfrac{4}{x^2}\right)\right]$

$= \lim\limits_{x \to \infty}\left(1 - \dfrac{2}{x}\right) \cdot \lim\limits_{x \to \infty}\left(3 + \dfrac{4}{x^2}\right)$

$= \left(\lim\limits_{x \to \infty} 1 - \lim\limits_{x \to \infty}\dfrac{2}{x}\right)\left(\lim\limits_{x \to \infty} 3 + \lim\limits_{x \to \infty}\dfrac{4}{x^2}\right)$

$= \left(\lim\limits_{x \to \infty} 1 - 2\lim\limits_{x \to \infty}\dfrac{1}{x}\right)\left[\lim\limits_{x \to \infty} 3 + 4\left(\lim\limits_{x \to \infty}\dfrac{1}{x}\right)^2\right]$

$= (1 - 2 \times 0) \times (3 + 4 \times 0^2) = 3$

例3说明，$\lim\limits_{x \to \infty}\dfrac{1}{x^n} = 0$；$\lim\limits_{x \to \infty}\dfrac{C}{x^n} = 0$（这里 C 为常数，n 为非零的自然数）.

例4　求 $\lim\limits_{x \to \infty}\dfrac{2x^2 + x + 1}{x^2 + 2x - 1}$

分析：当 $x \to \infty$ 时，分子、分母的极限都不存在，因此不能直接应用极限运算法则. 应先用 x^2 同除分子及分母，然后应用极限运算法则.

解　$\lim\limits_{x \to \infty}\dfrac{2x^2 + x + 1}{x^2 + 2x - 1} = \lim\limits_{x \to \infty}\dfrac{2 + \dfrac{1}{x} + \dfrac{1}{x^2}}{1 + \dfrac{2}{x} - \dfrac{1}{x^2}}$

$\qquad\qquad = \dfrac{\lim\limits_{x \to \infty} 2 + \lim\limits_{x \to \infty}\dfrac{1}{x} + \lim\limits_{x \to \infty}\dfrac{1}{x^2}}{\lim\limits_{x \to \infty} 1 + \lim\limits_{x \to \infty}\dfrac{2}{x} - \lim\limits_{x \to \infty}\dfrac{1}{x^2}}$

$\qquad\qquad = \dfrac{2 + 0 + 0}{1 + 0 - 0} = 2$

例5　求 $\lim\limits_{x \to \infty}\dfrac{x^2 - 3x + 2}{3x^4 + 2x^2 - 5}$

分析：当 $x \to \infty$ 时，分子、分母的极限都不存在，因此需对 $\dfrac{x^2 - 3x + 2}{3x^4 + 2x^2 - 5}$ 进行恒等变换. 若用 x^2 同除分子、分

母，这个式子变为 $\dfrac{1-\dfrac{3}{x}+\dfrac{2}{x^2}}{3x^2+2-\dfrac{5}{x^2}}$，分母仍无极限，因此，需

用高次 x^4 同除分子、分母.

解　$\lim\limits_{x\to\infty}\dfrac{x^2-3x+2}{3x^4+2x^2-5}=\lim\limits_{x\to\infty}\dfrac{\dfrac{1}{x^2}-\dfrac{3}{x^3}+\dfrac{2}{x^4}}{3+\dfrac{2}{x^2}-\dfrac{5}{x^4}}$

$$=\dfrac{\lim\limits_{x\to\infty}\left(\dfrac{1}{x^2}-\dfrac{3}{x^3}+\dfrac{2}{x^4}\right)}{\lim\limits_{x\to\infty}\left(3+\dfrac{2}{x^2}-\dfrac{5}{x^4}\right)}$$

$$=\dfrac{\lim\limits_{x\to\infty}\dfrac{1}{x^2}-\lim\limits_{x\to\infty}\dfrac{3}{x^3}+\lim\limits_{x\to\infty}\dfrac{2}{x^4}}{\lim\limits_{x\to\infty}3+\lim\limits_{x\to\infty}\dfrac{2}{x^2}-\lim\limits_{x\to\infty}\dfrac{5}{x^4}}$$

$$=\dfrac{0-0+0}{3+0-0}=0$$

例 4 说明，当分子与分母是关于 n 的次数相同的多项式时，这个分式在 $n\to\infty$ 时的极限是分子与分母中最高次项的系数之比.

例 5 说明，当分子与分母是关于 n 的次数不同的多项式，分母的次数高于分子的次数时，这个分式在 $n\to\infty$ 时的极限是 0.

课堂练习 6.3.1

已知 $f(x)=\dfrac{x^2-3x+4}{3x^2-4x-2}$，当 $x\to\infty$ 时，其极限为（　　）.

A. 1　　　　　　　　B. 3

C. 不存在　　　　　　D. $\dfrac{1}{3}$

习题 6.3

1. 求下列极限.

（1）$\lim\limits_{x \to 1}(x^2 - 2x + 3)$；

（2）$\lim\limits_{x \to 2}\dfrac{2x - 3}{3x + 5}$；

（3）$\lim\limits_{x \to 0}\dfrac{x^2 - x - 2}{2x^2 + 3x - 5}$；

（4）$\lim\limits_{x \to 1}(\log_2 x)$.

2. 求下列极限.

（1）$\lim\limits_{x \to 1}\dfrac{x - 1}{x^2 + 2x - 3}$；

（2）$\lim\limits_{x \to 2}\dfrac{x^2 - x - 2}{x - 2}$；

（3）$\lim\limits_{x \to 0}\dfrac{x}{x^2 - x}$；

（4）$\lim\limits_{x \to 1}\dfrac{x}{x - 1}$.

3. 求下列极限.

（1）$\lim\limits_{x \to \infty}\dfrac{x - 1}{x^2 + 2x - 3}$；

（2）$\lim\limits_{x \to \infty}\dfrac{x^2 - x - 2}{3x^2 - 6}$；

（3）$\lim\limits_{x \to \infty}\dfrac{x - 2}{x + 2}$；

（4）$\lim\limits_{x \to \infty}\dfrac{2^x - 1}{2^x + 1}$.

6.4 函数的连续性

在日常生活中，我们往往会遇到以下两种变化情况：一种变化情况是连续的，如未成年人的身高会随着时间的推进而连续地升高；另一种变化情况是间断的或跳跃的，如乘出租车的车费随着路程的增加而阶梯式地增加. 这些"连续或间断变化"的现象在函数关系上的反映，就是函数的连续性或间断性. 本节将利用极限来讨论函数的连续性问题.

6.4.1 函数连续性概念

从直观上看，一个函数在一点 $x = x_0$ 处连续是指这个函数的图像在 $x = x_0$ 处没有中断. 图 6.6 给出了连续函数与间断函数图像的几种情况. 图 6.6（a）中的函数图像在点 x_0 处是连续的，图 6.6（b）、（c）、（d）中的函数图像在点 x_0 处断开了. 图 6.6（b）中的函数在点 x_0 处没有定义；图 6.6（c）中的函数在点 x_0 处的极限不存在；图 6.6（d）中的函数在点 x_0 处的极限存在，但不等于函数在点 x_0 处的函数值.

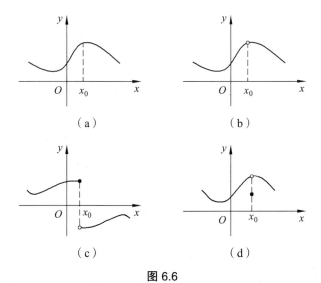

（a）　　　　　　　（b）

（c）　　　　　　　（d）

图 6.6

一般地，函数 $f(x)$ 在点 $x = x_0$ 处连续必须满足下面 3 个条件：

（1）函数 x_0 在点 $x = x_0$ 处有定义；

（2）$\lim\limits_{x \to x_0} f(x)$ 存在；

（3）$\lim\limits_{x \to x_0} f(x) = f(x_0)$，即函数 $f(x)$ 在点 x_0 处的极限值等于这一点的函数值.

如果函数 $y = f(x)$ 在点 $x = x_0$ 处及其附近有定义，而且

$$\lim\limits_{x \to x_0} f(x) = f(x_0)$$

就说函数 $f(x)$ 在点 x_0 处连续；否则函数 $f(x)$ 在点 x_0 处不连续或间断.

例 1 讨论下列函数在给定点处的连续性.

（1）$f(x) = \dfrac{x^2}{x}$，点 $x = 0$；

（2）$g(x) = |x|$，点 $x = 0$.

解 这两个函数的曲线如图 6.7 所示.

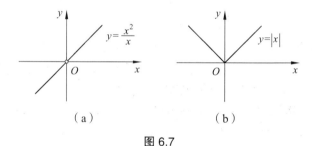

（a） （b）

图 6.7

（1）函数 $f(x) = \dfrac{x^2}{x}$ 在点 $x = 0$ 处没有定义，因而它在点 $x = 0$ 处不连续.

（2）函数 $\lim\limits_{x \to 0} g(x) = \lim\limits_{x \to 0} |x| = 0$，且 $g(0) = |0| = 0$，因而函数 $g(x) = |x|$ 在点 $x = 0$ 处是连续的.

需要说明的是，对于开区间 (a, b) 内的函数 $f(x)$，如果 $f(x)$ 在开区间 (a, b) 内每一点处都连续，就说函数 $f(x)$ 在开区间 (a, b) 内连续.

例如，函数 $f(x) = \dfrac{1}{x}$ 在开区间 $(0, +\infty)$ 内每一点连续，就说 $f(x) = \dfrac{1}{x}$ 在开区间 $(0, +\infty)$ 内连续.

对于闭区间 $[a, b]$ 上的函数 $f(x)$，如果 $f(x)$ 在开区间 (a, b) 内连续，且在左端点处有 $\lim\limits_{x \to a^+} f(x) = f(a)$，在右端点处有 $\lim\limits_{x \to b^-} f(x) = f(b)$，就说函数 $f(x)$ 在闭区间 $[a, b]$ 上连续.

例如，函数 $f(x) = x$ $(x \in [-1, 1])$ 在开区间 $(-1, 1)$ 内每一点连续，且在左端点处有 $\lim\limits_{x \to -1^+} x = -1 = f(-1)$ ，在右端点处有 $\lim\limits_{x \to 1^-} x = 1 = f(1)$ ，就说 $f(x) = x$ $(x \in [-1, 1])$ 在闭区间 $[-1, 1]$ 上连续.

课堂练习 6.4.1

对于函数 $f(x) = \begin{cases} x+1 & x \in (0, +\infty) \\ 0 & x = 0 \\ x-1 & x \in (-\infty, 0) \end{cases}$ ，下列说法正确的是（   ）.

A. 该函数在开区间 $(0, +\infty)$ 内是连续的

B. 该函数在开区间 $(-\infty, 0)$ 内是连续的

C. 该函数在点 $x = 0$ 处也是连续的，因为它在该点处有定义

D. 该函数在点 $x = 0$ 处是不连续的

6.4.2   闭区间上连续函数的性质

在闭区间上连续函数的图像是一条连续的曲线. 从直观上看，闭区间 $[a, b]$ 上的一条连续曲线必有一点达到最高，也有一点达到最低. 如图 6.8 所示，对于任意 $x \in [a, b]$ ，$f(x_1) \geqslant f(x)$ ，$f(x_2) \leqslant f(x)$ ，这时闭区间上的连续函数 $f(x)$ 在点 x_1 处有最大值 $f(x_1)$ ，在点 x_2 处有最小值 $f(x_2)$.

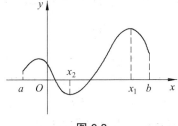

图 6.8

由此，得到闭区间上连续函数的性质：

如果函数 $f(x)$ 在闭区间上连续，那么 $f(x)$ 在闭区间上有最大值和最小值.

注意:

（1）函数的最大值和最小值可能在区间端点上取得.

（2）如果函数在开区间 (a, b) 内连续，或函数在闭区间上有间断点，那么函数在该区间上不一定有最大值或最小值.

例 2 讨论函数 $f(x) = x^2$ 在闭区间 $[0, 1]$ 内的连续性和最值问题.

解 在闭区间 $[0, 1]$ 内任取一点 x_0 ， $f(x_0) = x_0^2$ ， $\lim\limits_{x \to x_0} f(x) = \lim\limits_{x \to x_0} x^2 = x_0^2$ ， 故 $\lim\limits_{x \to x_0} f(x) = f(x_0)$ ， 这表明函数 $f(x) = x^2$ 在 x_0 处是连续的.

由 x_0 的任意性可知它在开区间 $(0, 1)$ 上是连续的.

由于 $f(0) = 0$ ， $\lim\limits_{x \to 0^+} f(x) = \lim\limits_{x \to 0^+} x^2 = 0$ ，故 $\lim\limits_{x \to 0^+} f(x) = f(0)$ ， 这表明函数 $f(x) = x^2$ 在左端点 0 处是右连续的.

由于 $f(1) = 1$ ， $\lim\limits_{x \to 1^-} f(x) = \lim\limits_{x \to 1^-} x^2 = 1$ ， 故 $\lim\limits_{x \to 1^-} f(x) = f(1)$ ， 这表明函数 $f(x) = x^2$ 在右端点 1 处是左连续的.

综上所述，函数 $f(x) = x^2$ 在闭区间 $[0, 1]$ 内是连续的.

由于函数 $f(x) = x^2$ 在闭区间 $[0, 1]$ 内单调递增，函数的最大（小）值是其端点处的函数值，故有

$$y_{\max} = f(1) = 1 ， \quad y_{\min} = f(0) = 0$$

习题 6.4

1. 利用函数的图像，讨论下列函数在给定点处是否连续.

（1） $f(x) = \dfrac{1}{x}$ ，点 $x = 0$ ；

（2） $f(x) = \begin{cases} 1 & x \in (0, +\infty) \\ 0 & x = 0 \\ -1 & x \in (-\infty, 0) \end{cases}$ ，点 $x = 0$.

2. 说明函数在给定点处是否连续.

（1） $f(x) = \dfrac{1}{x-1}$ ，点 $x = 1$ ；

（2） $f(x) = \begin{cases} x+1 & (x \neq 1) \\ 1 & (x = 1) \end{cases}$ ，点 $x = 1$.

3. 指出下列函数在哪些点处不连续，为什么？

（1） $f(x) = \dfrac{x^2 - x - 2}{x - 2}$；

（2） $f(x) = \begin{cases} x & x \in [0, +\infty) \\ -1 & x \in (-\infty, 0) \end{cases}$.

4. 作出下列函数在给定区间上的图像，写出函数的最大值和最小值.

（1） $f(x) = \dfrac{1}{x}$, $x \in [1, 3]$；

（2） $f(x) = \lg x$, $x \in [1, 10]$.

主要知识点小结

本章的主要内容为：数列的极限、函数的极限、极限的四则运算、函数的连续性.

（1）如果当项数 n 无限增大时，无穷数列 $\{a_n\}$ 的项 a_n 无限趋近于一个确定的常数 A，那么就说数列 $\{a_n\}$ 的极限是 A，记作 $\lim\limits_{n\to\infty}a_n=A$ 或当 $n\to\infty$ 时，$a_n\to A$.

数列的极限反映了当项数无限增大时数列的项的变化趋势. 应注意，并非每个数列都有极限.

（2）当自变量 x 取正值并且无限增大时，如果函数 $f(x)$ 无限趋近于一个确定的常数 A，我们就说当 $x\to+\infty$ 时，函数 $f(x)$ 的极限是 A，记作 $\lim\limits_{x\to+\infty}f(x)=A$ 或当 $x\to+\infty$ 时，$f(x)\to A$.

当自变量 x 取负值并且其绝对值无限增大时，如果函数 $f(x)$ 的值无限趋近于一个确定的常数 A，我们就说当 $x\to-\infty$ 时，函数 $f(x)$ 的极限是 A，记作 $\lim\limits_{x\to-\infty}f(x)=A$，或当 $x\to-\infty$ 时，$f(x)\to A$.

如果 $\lim\limits_{x\to+\infty}f(x)=A$ 且 $\lim\limits_{x\to-\infty}f(x)=A$，那么就说当 $x\to\infty$ 时，函数 $f(x)$ 的极限是 A，记作 $\lim\limits_{x\to\infty}f(x)=A$ 或当 $x\to\infty$ 时，$f(x)\to A$.

（3）当自变量 x 无限趋近于常数 x_0（但不等于 x_0）时，如果函数 $f(x)$ 无限趋近于一个常数 A，就说当 x 趋近于 x_0 时，函数 $f(x)$ 的极限是 A，记作 $\lim\limits_{x\to x_0}f(x)=A$ 或当 $x\to x_0$ 时，$f(x)\to A$.

（4）如果当 x 从点 $x=x_0$ 的左侧（即 $x<x_0$）无限趋近于 x_0 时，函数 $f(x)$ 无限趋近于一个常数 A，就说 A 是函数 $f(x)$ 在点 x_0 处的左极限，记作 $f(x_0-0)=\lim\limits_{x\to x_0^-}f(x)=A$.

如果当 x 从点 $x=x_0$ 的右侧（即 $x>x_0$）无限趋近于 x_0 时，函数 $f(x)$ 无限趋近于常数一个 A，就说 A 是函数 $f(x)$ 在点 x_0 的右极限，记作 $f(x_0+0)=\lim\limits_{x\to x_0^+}f(x)=A$.

关于 $x\to x_0$ 时，$f(x)$ 的极限 $\lim\limits_{x\to x_0}f(x)=A$ 与左右极限有下面的等价命题：

$$\lim_{x \to x_0} f(x) = A \Leftrightarrow \lim_{x \to x_0^-} f(x) = A \text{ 且} \lim_{x \to x_0^+} f(x) = A$$

（5）极限的四则运算法则.

① 数列极限的四则运算法则：

如果 $\lim\limits_{n \to \infty} a_n = A$，$\lim\limits_{n \to \infty} b_n = B$，则有

a. $\lim\limits_{n \to \infty}(a_n \pm b_n) = A \pm B$；

b. $\lim\limits_{n \to \infty}(a_n \cdot b_n) = A \cdot B$；

c. $\lim\limits_{n \to \infty}(C \cdot a_n) = C \cdot \lim\limits_{n \to \infty} a_n = C \cdot A$（$C$ 为常数）；

d. $\lim\limits_{n \to \infty} \dfrac{a_n}{b_n} = \dfrac{A}{B}$（$B \neq 0$）.

② 函数极限的四则运算法则：

如果 $\lim\limits_{x \to x_0} f(x) = A$，$\lim\limits_{x \to x_0} g(x) = B$，则有

a. $\lim\limits_{x \to x_0}\left[f(x) \pm g(x)\right] = A \pm B$；

b. $\lim\limits_{x \to x_0}\left[f(x) \cdot g(x)\right] = A \cdot B$；

c. $\lim\limits_{x \to x_0}\left[Cf(x)\right] = C \cdot \lim\limits_{x \to x_0} f(x) = C \cdot A$（$C$ 为常数）；

d. $\lim\limits_{x \to x_0}\left[f(x)\right]^n = \left[\lim\limits_{x \to x_0} f(x)\right]^n = A^n$（$n$ 为非零的自然数）；

e. $\lim\limits_{x \to x_0} \dfrac{f(x)}{g(x)} = \dfrac{A}{B}$ $(B \neq 0)$.

这些法则对于 $x \to \infty$ 的情况仍然成立.

（6）如果函数 $y = f(x)$ 在点 $x = x_0$ 处及其附近有定义，且 $\lim\limits_{x \to x_0} f(x) = f(x_0)$，就说函数 $f(x)$ 在点 x_0 处连续.

如果函数 $f(x)$ 在开区间 (a, b) 内每一点处都连续，就说函数 $f(x)$ 在开区间 (a, b) 内连续.

如果 $f(x)$ 在开区间 (a, b) 内连续，且在左端点处有 $\lim\limits_{x \to a^+} f(x) = f(a)$，在右端点处有 $\lim\limits_{x \to b^-} f(x) = f(b)$，就说函数 $f(x)$ 在闭区间 $[a, b]$ 上连续.

（7）连续函数的性质：如果函数 $f(x)$ 在闭区间 $[a, b]$ 上连续，那么 $f(x)$ 在闭区间 $[a, b]$ 上有最大值和最小值.

测试题 6

一、判断题

1. 所有的数列当项数无限增大时，都有极限. （　　）

2. 所有的函数当 x 趋向于某一定值时，都有极限. （　　）

3. 当 $x \to x_0$ 时，函数 $f(x)$ 的极限值等于 $f(x_0)$. （　　）

4. $\lim\limits_{x \to \infty} 2^{-x} = 0$. （　　）

5. $\lim\limits_{x \to 0} 2^x = 1$. （　　）

二、填空题

1. 已知一无穷数列：$\dfrac{1}{3}, \dfrac{2}{5}, \dfrac{3}{7}, \cdots$ 当项数无限增大时，该数列的项无限趋近于_____.

2. 已知一函数 $f(x) = \dfrac{1}{x}$，当 x 趋向于无穷大时，该函数的函数值无限趋近于_____；当 x 趋近于零时，该函数的函数值无限趋近于_____.

3. 函数 $f(x) = \dfrac{1}{x-1}$ 在点_____不连续.

4. $\lim\limits_{n \to \infty} \dfrac{3n+1}{2n-1} = $_____.

5. $\lim\limits_{x \to +\infty} \left(\dfrac{1}{5} \right)^x = $_____.

三、选择题

1. 下列极限存在的是（　　）.

A. $\lim\limits_{n \to \infty} (-1)^n$ 　　　　　　B. $\lim\limits_{n \to \infty} (2n-1)$

C. $\lim\limits_{x \to \infty} \left(\dfrac{1}{3} \right)^x$ 　　　　　D. $\lim\limits_{x \to -\infty} 2^x$

2. 已知 $f(x) = \dfrac{x}{|x|}$，当 $x \to 0$ 时，其极限为（　　）.

A. 1 　　　　　　　　　　B. 1 或 –1

C. 不存在 　　　　　　　　D. 0

3. 对于函数 $f(x) = \begin{cases} x+1 & x \in (0, +\infty) \\ 0 & x = 0 \\ x-1 & x \in (-\infty, 0) \end{cases}$，当 $x \to 0$ 时，

其极限为（　　）．

  A. 1   B. -1

  C. 不存在   D. 0

4. 对于函数 $f(x) = \begin{cases} x+1 & x \in (0, +\infty) \\ 0 & x = 0 \\ x-1 & x \in (-\infty, 0) \end{cases}$，下列说法不正

确的是（　　）．

  A. 该函数在开区间 $(0, +\infty)$ 内是连续的

  B. 该函数在开区间 $(-\infty, 0)$ 内是连续的

  C. 该函数在点 $x = 0$ 处是连续的，因为它在该点处
   有定义

  D. 该函数在点 $x = 0$ 处是不连续的

5. 下列选项中正确的是（　　）．

  A. $\lim\limits_{x \to \infty} \left(\dfrac{2}{3}\right)^x = 0$ B. $\lim\limits_{x \to +\infty} \left(\dfrac{2}{3}\right)^x = 0$

  C. $\lim\limits_{x \to -\infty} \left(\dfrac{2}{3}\right)^x = 0$ D. $\lim\limits_{x \to +\infty} \left(\dfrac{3}{2}\right)^x = 0$

四、解答题

1. 求下列数列的极限.

（1）$\lim\limits_{n \to \infty} \dfrac{3}{2n-1}$;   （2）$\lim\limits_{n \to \infty} \dfrac{3n}{2n+1}$;

（3）$\lim\limits_{n \to \infty} \dfrac{2n}{n^2+1}$;   （4）$\lim\limits_{n \to \infty} \dfrac{2n^2-1}{5n^2+3}$.

2. 求下列函数的极限.

（1）$\lim\limits_{x \to \infty} \dfrac{3x-1}{5x+3}$;   （2）$\lim\limits_{x \to \infty} \left(\dfrac{1}{x+1} + \dfrac{1}{x-1}\right)$;

（3）$\lim\limits_{x \to \infty} \dfrac{2x^2-1}{5x^4+2x^2-3}$;   （4）$\lim\limits_{x \to \infty} \dfrac{2x^2-x-1}{5x^2+3x-2}$.

3. 求下列函数的极限.

（1）$\lim\limits_{x \to 2} \dfrac{x^2-3x+2}{x-2}$;   （2）$\lim\limits_{x \to 2} \left(\dfrac{1}{x-2} - \dfrac{4}{x^2-4}\right)$;

（3）$\lim\limits_{x \to 0} \dfrac{1-\sqrt{1-x}}{x}$;   （4）$\lim\limits_{x \to 3} (2x^2-3x+1)^2$.

4. 已知 $f(x) = \begin{cases} x^2 - 1 & x \in (-\infty, 0) \\ x - 1 & x \in [0, 2] \\ x - 3 & x \in (2, +\infty) \end{cases}$ ，试讨论 $f(x)$ 在点

$x = 0$、$x = 1$、$x = 2$ 处的连续性，并作出该函数的图像.

5. 已知 $f(x) = \begin{cases} x^2 + 2x - 3 & x \in (-\infty, 1) \\ x & x \in [1, 2] \\ \dfrac{1}{2}x + 1 & x \in (2, +\infty) \end{cases}$.

（1）指出该函数的间断点；

（2）求 $\lim\limits_{x \to 1^-} f(x)$，$\lim\limits_{x \to 1^+} f(x)$，$f(1)$；

（3）求 $\lim\limits_{x \to 2^-} f(x)$，$\lim\limits_{x \to 2^+} f(x)$，$\lim\limits_{x \to 2} f(x)$.

7 导数及其应用

在前一章,我们在研究变量之间的函数关系时,研究了函数随自变量变化而变化的趋势;在这一章,我们要研究函数相对于自变量的变化快慢.

例如,一个小球从静止自由释放,求它在下落 2 s 时的速度是多少?

我们知道,物体从静止自由下落,在不考虑空气阻力等的情况下,其下落的高度 h(单位: m)与下落的时间 t(单位: s)存在函数关系:

$$h = \frac{1}{2}gt^2$$

其中,g 为重力加速度.

通过本章介绍的导数知识,就可以根据这个函数的导数关系式,求出小球在下落 $t = 2$ s 时的瞬时速度.

又如,用边长为 a 的正方形铁皮做一个无盖水箱,先在四角分别截去一个小正方形,然后将四边折起,做成立方形的水箱.问四角截去边长多大的正方形时,水箱容积最大?像这类问题,通过建立其数学模型,转化为求函数的最大(小)值,这样问题就可以得到解决.

7.1 导数的概念

7.1.1 变化率

1. 平均变化率

本章引言中的小球的运动状态，在不考虑空气阻力等的情况下，其运动方程为：$h = \dfrac{1}{2}gt^2 = 4.9t^2$. 其中，$g$ 为重力加速度，取值 $g = 9.8 \text{ m/s}^2$.

当小球下落时间 $t_1 = 0 \text{ s}$ 时，小球下落高度为 $h(t_1) = 4.9 \times 0^2 = 0 \text{ m}$；

当小球下落时间 $t_2 = 0.5 \text{ s}$ 时，小球下落高度为 $h(t_2) = 4.9 \times 0.5^2 = 1.225 \text{ m}$；

当小球下落时间 $t_3 = 1 \text{ s}$ 时，小球下落高度为 $h(t_3) = 4.9 \times 1^2 = 4.9 \text{ m}$；

当小球下落时间 $t_4 = 2 \text{ s}$ 时，小球下落高度为 $h(t_4) = 4.9 \times 2^2 = 19.6 \text{ m}$.

在 $0 \leqslant t \leqslant 0.5$ 这段时间里，小球的平均速度为

$$\bar{v} = \frac{h(t_2) - h(t_1)}{t_2 - t_1} = \frac{1.225 - 0}{0.5 - 0} = 2.45 \text{ (m/s)}$$

在 $1 \leqslant t \leqslant 2$ 这段时间里，小球的平均速度为

$$\bar{v} = \frac{h(t_4) - h(t_3)}{t_4 - t_3} = \frac{19.6 - 4.9}{2 - 1} = 14.7 \text{ (m/s)}$$

由此可见，小球在某段时间内的平均速度描述了小球下落的高度在这段时间内的平均变化的快慢.

一般地，对于函数 $y = f(x)$，如果自变量 x 从 x_1 变化到 x_2，相应地函数 y 从 $f(x_1)$ 变化到 $f(x_2)$，那么我们把 $\dfrac{f(x_2) - f(x_1)}{x_2 - x_1}$ 称为函数 $y = f(x)$ 从 x_1 变化到 x_2 的**平均变化率**. 习惯上用 Δx 表示 $x_2 - x_1$，即

$$\Delta x = x_2 - x_1$$

可把 Δx 看作是一个"增量"，用 $x_1 + \Delta x$ 代替 x_2；相应地，函数增量记为

$$\Delta y = f(x_2) - f(x_1)$$

于是，平均变化率可以表示为

$$\frac{\Delta y}{\Delta x} \text{ 或 } \frac{f(x_1 + \Delta x) - f(x_1)}{\Delta x}$$

2. 瞬时变化率

从引言示例可以发现，小球在不同的时间段内平均速度是不等的，所以说平均速度只能粗略地描述物体在某段时间内运动的平均快慢程度，要精确地描述物体在某时刻运动的快慢，需求瞬时速度. 我们把物体在某一时刻的速度称为**瞬时速度**. 那么，如何求物体的瞬时速度呢？引言中小球在下落 2 s 时的瞬时速度是多少？

我们先分析 $t = 2$ s 附近的情况. 在 $t = 2$ s 之前或之后，任意取一个很小的时间段 Δt. 下面我们分别来求区间 $[2 + \Delta t, 2]$ ($\Delta t < 0$) 和区间 $[2, 2 + \Delta t]$ ($\Delta t > 0$) 内的平均速度 $\bar{v}$.

在 $[2 + \Delta t, 2]$ ($\Delta t < 0$) 这段时间内，小球的位置改变量为

$$\begin{aligned}\Delta h &= h(2) - h(2 + \Delta t) \\ &= 4.9 \times 2^2 - 4.9 \times (2 + \Delta t)^2 \\ &= -4.9(4 + \Delta t)\Delta t\end{aligned}$$

相应地，平均速度为

$$\bar{v} = \frac{\Delta h}{\Delta t} = \frac{-4.9(4 + \Delta t)\Delta t}{-\Delta t} = 4.9(4 + \Delta t)$$

当 $\Delta t = -0.1$ s 时，$\bar{v} = 19.11$ m/s；

当 $\Delta t = -0.01$ s 时，$\bar{v} = 19.551$ m/s；

当 $\Delta t = -0.001$ s 时，$\bar{v} = 19.595\,1$ m/s；

当 $\Delta t = -0.000\,1$ s 时，$\bar{v} = 19.599\,51$ m/s；

……

在 $[2, 2 + \Delta t]$ ($\Delta t > 0$) 这段时间内，小球的位置改变量为

$$\begin{aligned}\Delta h &= h(2 + \Delta t) - h(2) \\ &= 4.9 \times (2 + \Delta t)^2 - 4.9 \times 2^2 \\ &= 4.9(4 + \Delta t)\Delta t\end{aligned}$$

相应地，平均速度为

$$\bar{v} = \frac{\Delta h}{\Delta t} = \frac{4.9(4+\Delta t)\Delta t}{\Delta t} = 4.9(4+\Delta t)$$

当 $\Delta t = 0.1$ s 时，$\bar{v} = 20.09$ m/s；

当 $\Delta t = 0.01$ s 时，$\bar{v} = 19.649$ m/s；

当 $\Delta t = 0.001$ s 时，$\bar{v} = 19.604\ 9$ m/s；

当 $\Delta t = 0.000\ 1$ s 时，$\bar{v} = 19.600\ 49$ m/s；

……

我们发现，当 Δt 趋近于 0 时，即无论 t 从小于 2 s 的左侧，还是从大于 2 s 的右侧趋近于 2 s，平均速度趋近于一个确定的值 19.6 m/s.

当这段时间间隔很短，也就是 Δt 很小时，这个平均速度就接近于时刻 t 的速度，Δt 越小，$\bar{v}$ 就越接近于时刻 t 的速度. 当 $\Delta t \to 0$ 时，这个平均速度的极限为

$$v = \lim_{\Delta t \to 0} \frac{\Delta h}{\Delta t} = \lim_{\Delta t \to 0} 4.9(4+\Delta t) = 19.6 \ (\text{m/s})$$

这就是小球在 $t = 2$ s 这一时刻的速度.

可见，小球在 2 s 时刻的瞬时速度就是包括 2 s 时刻在内的足够短时间内平均速度的极限值. 它描述的是小球下落的高度在 $t = 2$ s 这一时刻的瞬时变化的快慢.

一般地，对于函数 $y = f(x)$，当自变量 x 在 x_0 处有增量 Δx，那么函数 y 相应地有增量：

$$\Delta y = f(x_0 + \Delta x) - f(x_0)$$

如果当 $\Delta x \to 0$ 时，$\dfrac{\Delta y}{\Delta x}$ 有极限，即 $\lim\limits_{\Delta x \to 0} \dfrac{\Delta y}{\Delta x} = \lim\limits_{\Delta x \to 0} \dfrac{f(x_0 + \Delta x) - f(x_0)}{\Delta x}$ 存在，我们称这个极限值为函数 $y = f(x)$ 在 $x = x_0$ 处的**瞬时变化率**或**导数**.

7.1.2 导数的概念

一般地，若函数 $y = f(x)$ 在 $x = x_0$ 处及附近有定义，且在这点附近 $\lim\limits_{\Delta x \to 0} \dfrac{\Delta y}{\Delta x} = \lim\limits_{\Delta x \to 0} \dfrac{f(x_0 + \Delta x) - f(x_0)}{\Delta x}$ 的极限存在，则称此极限值为函数在点 $x = x_0$ 处的导数，记作 $f'(x_0)$ 或 $y'\big|_{x=x_0}$，即

$$f'(x_0) = \lim_{\Delta x \to 0} \frac{\Delta y}{\Delta x} = \lim_{\Delta x \to 0} \frac{f(x_0 + \Delta x) - f(x_0)}{\Delta x}$$

对于本章引言中的示例，根据导数的定义，小球自由下落在 $t = 2$ s 时的瞬时速度就是函数 $h = 4.9t^2$ 在 $t = 2$ s 处的导数，即

$$v = h'\big|_{t=2} = \lim_{\Delta t \to 0} \frac{4.9(2 + \Delta t)^2 - 4.9 \times 2^2}{\Delta t}$$
$$= \lim_{\Delta t \to 0} 4.9(4 + \Delta t) = 19.6 \ (\text{m/s})$$

由导数的意义可知，求函数 $y = f(x)$ 在点 $x = x_0$ 处的导数的步骤如下：

（1）求增量，即函数的增量 $\Delta y = f(x_0 + \Delta x) - f(x_0)$；

（2）算比值，即求平均变化率 $\dfrac{\Delta y}{\Delta x} = \dfrac{f(x_0 + \Delta x) - f(x_0)}{\Delta x}$；

（3）取极限，得导数 $f'(x_0) = \lim\limits_{\Delta x \to 0} \dfrac{\Delta y}{\Delta x}$.

例1　求 $y = x^2 + 2x - 3$ 在点 $x = 2$ 处的导数.

解　$f(2) = 2^2 + 2 \times 2 - 3 = 5$

$\qquad f(2 + \Delta x) = (2 + \Delta x)^2 + 2(2 + \Delta x) - 3 = \Delta x^2 + 6\Delta x + 5$

$\qquad \Delta y = f(2 + \Delta x) - f(2) = \Delta x^2 + 6\Delta x + 5 - 5 = \Delta x^2 + 6\Delta x$

$\qquad \dfrac{\Delta y}{\Delta x} = \dfrac{\Delta x^2 + 6\Delta x}{\Delta x} = \Delta x + 6$

$\qquad \lim\limits_{\Delta x \to 0} \dfrac{\Delta y}{\Delta x} = \lim\limits_{\Delta x \to 0} (\Delta x + 6) = 6$

故　$y'\big|_{x=2} = 6$

如果函数 $f(x)$ 在开区间 (a, b) 内每一点都可导，就说 $f(x)$ 在开区间 (a, b) 内可导. 这时，对于开区间 (a, b) 内每一个确定的值 x_0，都对应一个确定的导数 $f'(x_0)$，这样就在开区间 (a, b) 内构成一个新的函数，我们把这一新函数叫作 $f(x)$ 在开区间 (a, b) 内的**导函数**，记作 $f'(x)$ 或 y'，即

$$f'(x) = y' = \lim_{\Delta x \to 0} \frac{\Delta y}{\Delta x} = \lim_{\Delta x \to 0} \frac{f(x + \Delta x) - f(x)}{\Delta x}$$

导函数也称为**导数**. 当 $x_0 \in (a, b)$ 时，函数 $f(x)$ 在点 x_0 处的导数值 $f'(x_0)$ 等于函数 $f(x)$ 在开区间 (a, b) 内的导数 $f'(x)$ 在点 x_0 处的函数值.

例2　已知函数 $y = x^2$.

（1）求 y'；

（2）求函数 $y = x^2$ 在 $x = -3$ 处的导数.

解　（1）因为 $\Delta y = (x + \Delta x)^2 - x^2 = 2x \cdot \Delta x + (\Delta x)^2$，则

$$\frac{\Delta y}{\Delta x} = \frac{2x \cdot \Delta x + (\Delta x)^2}{\Delta x} = 2x + \Delta x$$

所以有 $y' = \lim\limits_{\Delta x \to 0} \dfrac{\Delta y}{\Delta x} = \lim\limits_{\Delta x \to 0} (2x + \Delta x) = 2x$.

（2）$y'\big|_{x=-3} = f'(-3) = 2 \times (-3) = -6$.

课堂练习 **7.1.2**

已知函数 $y = (x+1)^2$.

（1）求 y'；

（2）求函数 $y = (x+1)^2$ 在 $x = -1$ 处的导数.

7.1.3　导数的几何意义

我们知道，导数 $f'(x_0)$ 表示函数 $f(x)$ 在 $x = x_0$ 处的瞬时变化率，反映了函数 $f(x)$ 在 $x = x_0$ 附近的变化情况. 那么，导数 $f'(x_0)$ 的几何意义是什么呢？

如图 7.1 所示，$P(2,1)$ 是曲线 $y = \dfrac{1}{4}x^2$ 上的一个定点，Q 是曲线上点 P 附近的一个动点，观察点 Q 沿曲线逐渐向点 P 接近时割线 PQ 的变化情况.

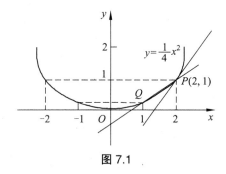

图 7.1

当动点 Q 沿曲线逐渐向定点 P 靠近时，割线 PQ 绕定点 P 慢慢旋转，在旋转过程中，割线 PQ 相当于 x 轴的倾斜度不断变化. 为了研究割线 PQ 倾斜度的变化情况，我们计算反映割线 PQ 倾斜度大小的斜率.

设动点 Q 的横坐标为 $x_Q = 2 + \Delta x$ ，则点 Q 的纵坐标为 $y_Q = \dfrac{1}{4}(2 + \Delta x)^2$ ，根据直线的斜率公式得到割线 PQ 的斜率：

$$k_{PQ} = \frac{y_Q - y_P}{x_Q - x_P} = \frac{\dfrac{1}{4}(2 + \Delta x)^2 - 1}{(2 + \Delta x) - 2} = \frac{\dfrac{1}{4}(\Delta x)^2 + \Delta x}{\Delta x} = \frac{1}{4}\Delta x + 1$$

由上式可知，当 Δx 无限趋近于 0 时，k_{PQ} 无限趋近于 1.由图 7.1 可知，当 Δx 无限趋近于 0 时，点 Q 沿曲线无限趋近于点 P，割线 PQ 就无限趋近于它的极限位置 PT．直线 PT 称为曲线在 P 点处的切线.因此，割线斜率 k_{PQ} 的极限即为切线的斜率 k_{PT}，即

$$\lim_{Q \to P} k_{PQ} = \lim_{\Delta x \to 0}\left(\frac{1}{4}\Delta x + 1\right) = 1 = k_{PT}$$

由此可知，函数 $y = f(x)$ 在点 x_0 的导数 $f'(x_0)$ 的几何意义为：函数 $y = f(x)$ 在点 x_0 的导数 $f'(x_0)$ 是曲线 $y = f(x)$ 在点 $P(x_0, y_0)$ 处的切线的斜率，即 $f'(x_0) = k_{PT}$ [直线 PT 为点 $P(x_0, y_0)$ 处的切线].

例 3　已知曲线 $y = x^2 + \dfrac{1}{x} + 1$ 上一点 $P(-1, 1)$.

（1）求点 P 处的切线的斜率；

（2）求点 P 处的切线方程.

解　（1）$y = x^2 + \dfrac{1}{x} + 1$

$$y' = \lim_{\Delta x \to 0} \frac{\Delta y}{\Delta x}$$

$$= \lim_{\Delta x \to 0} \frac{(x + \Delta x)^2 + \dfrac{1}{x + \Delta x} + 1 - \left(x^2 + \dfrac{1}{x} + 1\right)}{\Delta x}$$

$$= \lim_{\Delta x \to 0} \frac{2x \cdot \Delta x + (\Delta x)^2 - \dfrac{\Delta x}{x(x + \Delta x)}}{\Delta x}$$

$$= \lim_{\Delta x \to 0}\left[2x + \Delta x - \frac{1}{x(x + \Delta x)}\right]$$

$$= 2x - \frac{1}{x^2}$$

$$y'\big|_{x=-1} = 2 \times (-1) - \frac{1}{(-1)^2} = -3.$$

所以，P 处的切线的斜率等于 -3.

（2）由直线方程的点斜式得，点 P 处的切线方程为

$$y - 1 = -3[x - (-1)]$$

即 $\qquad$ $3x + y + 2 = 0$

课堂练习 7.1.3

已知曲线 $y = x^2$ 上一点 $P(-1, 1)$.

（1）求点 P 处的切线的斜率；

（2）求点 P 处的切线方程.

习题 7.1

1. 求下列函数在指定点处的导数.

（1）$y = x^2$, $x_0 = 1$；　　　　（2）$y = (x-2)^2$, $x = 3$；

（3）$y = \dfrac{1}{4}x^2$, $x = 2$；　　　（4）$y = x^2 + x$, $x = -1$.

2. 求下列函数的导数.

（1）$y = 2x + 1$；　　　　　　（2）$y = \dfrac{1}{x}$；

（3）$y = x^2 - 1$；　　　　　　（4）$y = 2x^2 + 3x$.

3. 求曲线 $y = \sqrt{x}$ 在点 $P(4, 2)$ 处的切线方程.

4. 求曲线 $y = \dfrac{1}{x-1}$ 在点 $P(0, -1)$ 处的切线方程.

5. 已知 $y = x^2 + 2x - 3$，求 y' 及 $y'|_{x=2}$.

6. 在直线轨道上运行的列车从制动开始到时刻 t，列车前进的距离为：$S(t) = 20t - 0.1t^2$. 问列车制动后几秒停车？制动后前进了多少米？

7.2 常见函数的导数

由导数的定义可知, 求函数 $y = f(x)$ 的导数可分为以下 3 个步骤:

(1) 求函数的增量 $\Delta y = f(x + \Delta x) - f(x)$;

(2) 求平均变化率 $\dfrac{\Delta y}{\Delta x} = \dfrac{f(x + \Delta x) - f(x)}{\Delta x}$;

(3) 取极限, 得导数 $f'(x) = \lim\limits_{\Delta x \to 0} \dfrac{\Delta y}{\Delta x}$.

根据这 3 个步骤, 可以推导出一些常见函数的导数公式.

公式 1: $C' = 0$ (C 为常数).

公式 2: $(x^n)' = nx^{n-1}$ $(n \in \mathbf{Q})$.

公式 3: $\begin{cases} (\sin x)' = \cos x \\ (\cos x)' = -\sin x \\ (\tan x)' = \dfrac{1}{\cos^2 x} = \sec^2 x \end{cases}$.

公式 4: $\begin{cases} (\log_a x)' = \dfrac{1}{x \ln a} \\ (\lg x)' = \dfrac{1}{x \ln 10} \\ (\ln x)' = \dfrac{1}{x} \end{cases}$.

公式 5: $\begin{cases} (a^x)' = a^x \ln a \\ (\mathrm{e}^x)' = \mathrm{e}^x \end{cases}$.

例 1 求下列幂函数的导数.

(1) $y = x^5$; (2) $y = \dfrac{1}{x^2}$;

(3) $y = \sqrt[3]{x}$; (4) $y = \dfrac{\sqrt{x}}{\sqrt[3]{x}}$.

解 (1) $y' = (x^5)' = 5x^4$

(2) $y' = \left(\dfrac{1}{x^2}\right)' = (x^{-2})' = -2x^{-2-1} = -2x^{-3} = -\dfrac{2}{x^3}$

(3) $y' = \left(x^{\frac{1}{3}}\right)' = \dfrac{1}{3}x^{\frac{1}{3}-1} = \dfrac{1}{3}x^{-\frac{2}{3}} = \dfrac{1}{3\sqrt[3]{x^2}}$

（4）$y' = \left(\dfrac{\sqrt{x}}{\sqrt[3]{x}}\right)' = \left(x^{\frac{1}{6}}\right)' = \dfrac{1}{6}x^{\frac{1}{6}-1} = \dfrac{1}{6}x^{-\frac{5}{6}} = \dfrac{1}{6\sqrt[6]{x^5}}$

例2 求 $y = \log_2 x$ 在 $x = 3$ 处的导数.

解 由于 $y' = (\log_2 x)' = \dfrac{1}{x\ln 2}$

则 $\qquad\qquad y'|_{x=3} = \dfrac{1}{3\ln 2}$

例3 已知函数 $f(x) = \cos x$，求 $f'\left(\dfrac{\pi}{6}\right)$ 及 $f'\left(\dfrac{\pi}{2}\right)$.

解 由于 $f'(x) = (\cos x)' = -\sin x$

则 $\qquad\qquad f'\left(\dfrac{\pi}{6}\right) = -\sin\dfrac{\pi}{6} = -\dfrac{1}{2}$

$$f'\left(\dfrac{\pi}{2}\right) = -\sin\dfrac{\pi}{2} = -1$$

课堂练习 7.2

1. 已知 $y = \sqrt{x}$，则 $y' = $ _____.
2. 已知 $y = \log_3 x$，则 $y' = $ _____.

习题 7.2

1. 求曲线 $y = \log_2 x$ 在点 $P(2, 1)$ 处的切线方程.

2. 求曲线 $y = \sin x$ 在点 $P\left(\dfrac{\pi}{4}, \dfrac{\sqrt{2}}{2}\right)$ 处的切线方程.

3. 求曲线 $y = 2^x$ 在点 $P(0, 1)$ 处的切线方程.

4. 求函数 $y = x^4$ 在点 $x = 2$ 处的导数.

5. 将一个物体从静止开始自由释放，经过 t 时刻后，物体下落的高度为 $h(t) = 5t^2$，求下落 0.5 s 时物体的速度和物体下落的高度.

7.3　导数的运算

根据导数的定义，不仅可以推出一些简单函数的导数公式，同样，还可以推出函数四则运算的求导法则.

1. 和（或差）的导数

法则 1：若 $f(x)$ 和 $g(x)$ 的导数存在，则两个函数的和（或差）的导数，等于这两个函数的导数的和（或差），即

$$[f(x) \pm g(x)]' = f'(x) \pm g'(x)$$

例 1　求 $y = x^4 - x^2 + x - 3$ 的导数.

解　$y' = (x^4)' - (x^2)' + x' - 3' = 4x^3 - 2x + 1$

2. 积的导数

法则 2：两个函数的积的导数，等于第一个函数的导数乘第二个函数，加上第一个函数乘第二个函数的导数，即

$$[f(x) \cdot g(x)]' = f'(x)g(x) + f(x)g'(x)$$

特别地，$[Cf(x)]' = Cf'(x)$，即常数可以提到导数符号外面.

例 2　求 $y = x^3 \sin x$ 的导数.

解　$y' = (x^3)' \sin x + x^3 (\sin x)' = 3x^2 \sin x + x^3 \cos x$

例 3　求 $y = 3\cos x$ 的导数.

解　$y' = (3\cos x)' = 3(\cos x)' = -3\sin x$

例 4　求 $y = 5x^4 - 4x^3 + 3x^2 - 2x + 1$ 的导数.

解　$y' = (5x^4)' - (4x^3)' + (3x^2)' - (2x)' + 1'$
$\qquad = 20x^3 - 12x^2 + 6x - 2$

例 5　求 $y = (3x^2 - 1)(2x + 3)$ 的导数.

解　$y' = (3x^2 - 1)'(2x + 3) + (3x^2 - 1)(2x + 3)'$
$\qquad = 6x(2x + 3) + 2(3x^2 - 1)$
$\qquad = 18x^2 + 18x - 2$

3. 商的导数

法则 3：两个函数的商的导数，等于分子的导数与分母的积减去分母的导数与分子的积，再除以分母的平方，即

$$\left[\frac{f(x)}{g(x)}\right]' = \frac{f'(x)g(x) - f(x)g'(x)}{\left[g(x)\right]^2} \quad [g(x) \neq 0]$$

例 6 求 $y = \dfrac{\sin x}{x}$ 的导数.

解法 1 $y' = \dfrac{(\sin x)'x - \sin x(x)'}{x^2} = \dfrac{x\cos x - \sin x}{x^2}$

解法 2 $y' = (x^{-1}\sin x)' = (x^{-1})'\sin x + x^{-1}(\sin x)'$

$$= -x^{-2}\sin x + x^{-1}\cos x = \frac{x\cos x - \sin x}{x^2}$$

例 7 求 $y = \tan x$ 的导数.

解 $y' = (\tan x)' = \left(\dfrac{\sin x}{\cos x}\right)'$

$$= \frac{(\sin x)'\cos x - \sin x(\cos x)'}{\cos^2 x}$$

$$= \frac{\cos^2 x + \sin^2 x}{\cos^2 x} = \frac{1}{\cos^2 x} = \sec^2 x$$

即 $\qquad\qquad (\tan x)' = \sec^2 x$

类似地，可得 $\quad (\cot x)' = -\csc^2 x$

4. 复合函数的导数

观察函数 $y = (2x+3)^2$，这个函数是由二次函数 $y = u^2$ 和一次函数 $u = 2x+3$ 经过"复合"而成的，也就是由 $y = u^2$ 与 $u = 2x+3$ 可以得到

$$y = u^2 = (2x+3)^2$$

像 $y = (2x+3)^2$ 这样由几个函数复合而成的函数，就是复合函数.

一般地，对于两个函数 $y = f(u)$ 和 $u = g(x)$，如果通过变量 u，y 可以表示成 x 的函数，那么称这个函数为函数 $y = f(u)$ 和 $u = g(x)$ 的**复合函数**，记作 $y = f[g(x)]$.

法则 4：对于由两个函数 $y = f(u)$ 和 $u = g(x)$ 复合而成的函数 $y = f[g(x)]$，y 对 x 的导数等于 y 对 u 的导数与 u 对 x 的导数的乘积，即

$$y'_x = y'_u \cdot u'_x \quad 或 \quad y' = f'(u)g'(x)$$

也可以写成

$$\frac{\mathrm{d}y}{\mathrm{d}x} = \frac{\mathrm{d}y}{\mathrm{d}u} \cdot \frac{\mathrm{d}u}{\mathrm{d}x}$$

此法则可推广到有限个可导函数构成的复合函数的情况. 例如，$y = f(u)$、$u = g(v)$、$v = \varphi(x)$，且各自的导数存在，那么

$$y'_x = f'(u) \cdot g'(v) \cdot \varphi'(x) \quad \text{或} \quad y'_x = y'_u \cdot u'_v \cdot v'_x$$

例 8　求 $y = (2x+3)^2$ 的导数.

解　设 $y = u^2$，$u = 2x+3$，则

$$
\begin{aligned}
y'_x &= y'_u \cdot u'_x \\
&= (u^2)' \cdot (2x+3)' \\
&= 4u \\
&= 8x+12
\end{aligned}
$$

例 9　求 $y = e^{3x-2}$ 的导数.

解　设 $y = e^u$，$u = 3x-2$，则

$$
\begin{aligned}
y'_x &= y'_u \cdot u'_x \\
&= (e^u)' \cdot (3x-2)' \\
&= 3e^u \\
&= 3e^{3x-2}
\end{aligned}
$$

例 10　求 $y = \ln \sin\left(2x - \dfrac{\pi}{4}\right)$ 的导数.

解　设 $y = \ln u$，$u = \sin v$，$v = 2x - \dfrac{\pi}{4}$，则

$$
\begin{aligned}
y'_x &= y'_u \cdot u'_v \cdot v'_x \\
&= (\ln u)' \cdot (\sin v)' \cdot \left(2x - \frac{\pi}{4}\right) \\
&= \frac{1}{u} \cdot \cos v \cdot 2 \\
&= \frac{1}{\sin v} \cdot \cos v \cdot 2 \\
&= 2\cot v \\
&= 2\cot\left(2x - \frac{\pi}{4}\right)
\end{aligned}
$$

求复合函数的导数，关键在于分析清楚函数的复合关系，选好中间变量. 熟练以后，就不必再写中间步骤.

例 11　求 $y = [\ln(x^2 + 2x - 3)]^3$ 的导数.

解　根据复合函数的求导法则，按步骤由外向里逐层求导：

$$y' = 3[\ln(x^2 + 2x - 3)]^2 [\ln(x^2 + 2x - 3)]'$$

$$= 3[\ln(x^2 + 2x - 3)]^2 \frac{1}{x^2 + 2x - 3}(x^2 + 2x - 3)'$$

$$= 3[\ln(x^2 + 2x - 3)]^2 \frac{1}{x^2 + 2x - 3}(2x + 2)$$

$$= [\ln(x^2 + 2x - 3)]^2 \frac{6x + 6}{x^2 + 2x - 3}$$

例 12　求 $y = \sqrt[3]{\dfrac{x}{1-x}}$ 的导数.

解　这是一个复合函数，设 $y = u^{\frac{1}{3}}$，$u = \dfrac{x}{x-1}$，可以按照复合函数的求导法则进行计算，即

$$y' = \frac{1}{3}\left(\frac{x}{1-x}\right)^{-\frac{2}{3}} \cdot \left(\frac{x}{1-x}\right)'$$

$$= \frac{1}{3}\left(\frac{x}{1-x}\right)^{-\frac{2}{3}} \cdot \frac{1}{(1-x)^2}$$

$$= \frac{1}{3}x^{-\frac{2}{3}}(1-x)^{-\frac{4}{3}}$$

习题 7.3

1. 求下列函数的导数.

（1）$y = 7x^4 - 8x^3 + 9x^2 - 10x + 12$；

（2）$y = (2x^2 - 1)(x^2 + 2)$；

（3）$y = \dfrac{1 + \sin x}{1 - \sin x}$；

（4）$y = 5 - \dfrac{4}{x} - \dfrac{3}{x^2} - \dfrac{2}{x^3}$.

2. 求下列函数的导数.

（1）$y = (x^2 - 5x + 6)^2$；　　　（2）$y = \cos^2(3x^2 - 5)$；

（3）$y = x\sin x^2$；　　　　　　（4）$y = \sqrt[3]{\left(\dfrac{1}{1-x}\right)^2}$.

3. 求下列函数的导数.

（1）$y = a^{2x} \sin 3x$；　　　　　（2）$y = e^{2x} \ln(x - \cos x)$；

（3）$y = \ln \sqrt{\dfrac{1-x}{1+x}}$；　　　　（4）$y = \lg \sqrt{\dfrac{1+\cos x}{1-\cos x}}$.

4. 求抛物线 $y = 2x^2 - x - 3$ 在点 $P(0,3)$ 处的切线方程.

5. 将一个物体以一定的初速度竖直上抛，物体抛出 t 时刻后，其上升的高度为 $h(t) = 5t - 5t^2$，求经过多少秒物体上升到最高点？物体上升的高度为多少米？

7.4 导数的应用

7.4.1 函数的单调性

观察函数 $y = x^2$ ，如图 7.2 所示.

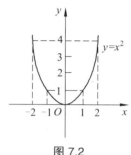

图 7.2

从数值计算可以看到，在 $(-\infty, 0)$ 内，当 $x_1 = -2$ 时，$f(x_1) = 4$ ；当 $x_2 = -1$ 时，$f(x_2) = 1$ ，可见，自变量越大，相应的函数值反而越小，即当 $x_1 < x_2$ 时，$f(x_1) > f(x_2)$.

从图像上观察，在 $(-\infty, 0)$ 内，该函数的图像沿着 x 轴的正方向逐渐下降. 也就是说，沿着 x 轴的正方向，该函数的自变量在逐渐增大，同时其图像在下降，即该函数的图像在纵方向的走向是 y 轴的负方向，它的函数值在逐渐减小.

综上所述，函数 $y = x^2$ 在区间 $(-\infty, 0)$ 内是减函数.

同样的，从数值计算可以看到，在 $(0, +\infty)$ 内，当 $x_1 = 1$ 时，$f(x_1) = 1$ ；当 $x_2 = 2$ 时，$f(x_2) = 4$ ，可见，自变量越大，相应的函数值也越大，即当 $x_1 < x_2$ 时，$f(x_1) < f(x_2)$.

从图像上观察，在 $(0, +\infty)$ 内，该函数的图像沿着 x 轴的正方向逐渐上升. 也就是说，沿着 x 轴的正方向，该函数的自变量在逐渐增大，同时其图像在上升，即该函数的图像在纵方向的走向是 y 轴的正方向，它的函数值在逐渐增大.

综上所述，函数 $y = x^2$ 在区间 $(0, +\infty)$ 内是增函数.

类似函数 $y = x^2$ ，函数 $y = f(x)$ 在某个区间是增函数或减函数的性质，称为**函数的单调性**.

对于简单的函数，我们可以通过数值的比较，即当 $x_1 < x_2$ 时，$f(x_1) > f(x_2)$ 或 $f(x_1) < f(x_2)$ 来判断函数的单调性；对于复杂的函数，要证明 $f(x_1) > f(x_2)$ 或 $f(x_1) < f(x_2)$

并不是很容易,我们可用函数的导数的正负,来判断函数的单调性.

我们已经知道,曲线 $y = f(x)$ 的切线的斜率就是函数 $f(x)$ 的导数.

从函数 $y = x^2$ 的图像可以看到,在区间 $(-\infty, 0)$ 内,切线的斜率为负,即 $f'(x) < 0$,$f(x)$ 为减函数;在区间 $(0, +\infty)$ 内,切线的斜率为正,即 $f'(x) > 0$,$f(x)$ 为增函数.

一般地,设函数 $y = f(x)$ 在某个区间可导,如果 $f'(x) > 0$,则 $f(x)$ 为此区间上的增函数;如果 $f'(x) < 0$,则 $f(x)$ 为此区间上的减函数.

如果在某个区间内恒有 $f'(x) = 0$,则 $f(x)$ 为常数,即 $f(x) = C$.

例 1 确定函数 $f(x) = x^2 - 4x + 3$ 在哪个区间内是增函数,在哪个区间内是减函数.

解 先求导数 $f'(x) = 2x - 4$.

令 $2x - 4 = 0$,解得 $x = 2$.

令 $2x - 4 > 0$,解得 $x > 2$,因此,当 $x \in (2, +\infty)$ 时,$f(x)$ 是增函数.

再令 $2x - 4 < 0$,解得 $x < 2$,因此,当 $x \in (-\infty, 2)$ 时,$f(x)$ 是减函数.

将上面的讨论情况列表,如表 7.1 所示.

表 7.1

x	$(-\infty, 2)$	2	$(2, +\infty)$
$f'(x)$	$-$	0	$+$
$f(x)$	↘		↗

在此例中,点 $x = 2$ 是单调减区间与单调增区间的分界点,并有 $f'(2) = 0$.

一般地,我们把导数 $f'(x_0) = 0$ 的点 x_0 叫作函数 $y = f(x)$ 的**驻点**(稳定点).

对于较复杂的函数,函数的驻点可能有多个.在判断函数的单调性时,我们通常先求出函数的驻点或导数不存在的点,用驻点或导数不存在的点把函数的定义域划分成若干个区间,再判断导数 $f'(x)$ 在各个区间内的正负号,从而得到函数在各个区间内的单调性的判别.

例 2 求函数 $f(x) = 2x^3 + 3x^2 - 12x + 6$ 的单调区间.

解 函数的定义域为 $(-\infty, +\infty)$.

求导数，$f'(x) = 6x^2 + 6x - 12 = 6(x-1)(x+2)$.

令 $f'(x) = 0$，即 $6(x-1)(x+2) = 0$.

求出函数的驻点：$x_1 = -2, x_2 = 1$.

这两个驻点把定义域分为 $(-\infty, -2)$、$(-2, 1)$、$(1, +\infty)$ 3 个区间，由此列表，如表 7.2 所示.

表 7.2

x	$(-\infty, -2)$	-2	$(-2, 1)$	1	$(1, +\infty)$
$f'(x)$	$+$	0	$-$	0	$+$
$f(x)$	↗		↘		↗

由表 7.2 可知，函数在区间 $(-\infty, -2)$ 及 $(1, +\infty)$ 内单调增加，在区间 $(-2, 1)$ 内单调减少.

课堂练习 7.4.1

求下列函数的单调区间.

（1）$y = x + 1$；　　　　　　（2）$y = x^2 - 6x + 8$；

（3）$y = x^4 - 32x - 128$；　　（4）$y = x^3 - 27x + 44$.

7.4.2　函数的极值

观察图 7.3 和图 7.4 中的曲线.

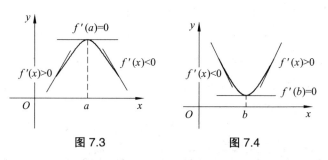

图 7.3　　　　　　　　　图 7.4

由图 7.3 可以看出，在 a 点处的函数值比它附近点的函数值都要大. 由图 7.4 也可以看出，在 b 点的函数值比它附近点的函数值都要小.

一般地，设函数 $f(x)$ 在点 x_0 附近有定义，如果对 x_0 附近的所有点都有 $f(x) < f(x_0)$，我们就说 $f(x_0)$ 是函数 $f(x)$ 的一个**极大值**，x_0 是函数 $f(x)$ 的一个**极大值点**；若 $f(x) > f(x_0)$，我们就说 $f(x_0)$ 是函数 $f(x)$ 的一个**极小值**，

x_0 是函数 $f(x)$ 的一个**极小值点**.

函数的极大值与极小值统称为**极值**, 极大值点与极小值点统称为**极值点**.

从图 7.3 和图 7.4 可以看出, 曲线在极值点处切线的斜率为 0, 并且曲线在极大值点左侧切线的斜率为正, 右侧为负; 曲线在极小值点左侧切线的斜率为负, 右侧为正.

一般地, 当函数 $f(x)$ 在点 x_0 处连续时, 判别 $f(x_0)$ 是极值的方法如下:

（1）如果在 x_0 附近的左侧 $f'(x) > 0$, 右侧 $f'(x) < 0$, 那么 $f(x_0)$ 是极大值;

（2）如果在 x_0 附近的左侧 $f'(x) < 0$, 右侧 $f'(x) > 0$, 那么 $f(x_0)$ 是极小值.

注意: 对于可导函数, 极值点处的导数为 0, 但导数为 0 的点不一定是极值点; 导数不存在的点, 也可能是极值点.

例如, 对于函数 $f(x) = x^3$, 点 $x = 0$ 处的导数是 0, 但它不是极值点; 而对于函数 $y = |x|$, 在点 $x = 0$ 处导数不存在, 但 $x = 0$ 是它的一个极小值点.

例 3 求函数 $f(x) = \dfrac{1}{3}x^3 - x + 2$ 的极值.

解 函数的定义域为 $(-\infty, +\infty)$.

求导数, $f'(x) = x^2 - 1 = (x+1)(x-1)$.

令 $f'(x) = 0$, 解得驻点 $x_1 = -1$, $x_2 = 1$.

当 x 变化时, $f'(x)$、$f(x)$ 的变化情况如表 7.3 所示.

表 7.3

x	$(-\infty, -1)$	-1	$(-1, 1)$	1	$(1, +\infty)$
$f'(x)$	$+$	0	$-$	0	$+$
$f(x)$	↗	极大值 $\dfrac{8}{3}$	↘	极小值 $\dfrac{4}{3}$	↗

因此, 当 $x = -1$ 时, $f(x)$ 有极大值, 极大值为 $f(-1) = \dfrac{8}{3}$; 当 $x = 1$ 时, $f(x)$ 有极小值, 极小值为 $f(1) = \dfrac{4}{3}$.

结合例 3, 可以得出求函数 $f(x)$ 的极值的步骤如下:

（1）求函数的定义域;

（2）求导数 $f'(x)$;

（3）令 $f'(x) = 0$, 求得函数的全部驻点和导数不存在的点;

（4）依这些点从小到大的顺序，将定义域划分为若干个小区间，将 x, y', y 列在一个表格里，讨论 $f'(x)$ 在各个小区间内的正负号及 y 的变化情况；

（5）观察 $f'(x)$ 在驻点和导数不存在的点左右侧的符号，如果 $f'(x)$ 在这些点附近符号变化是从左正到右负，那么 $f(x)$ 在此点处取得极大值；如果 $f'(x)$ 在这些点符号变化是从左负到右正，那么 $f(x)$ 在此点处取得极小值；

（6）如果 $f'(x)$ 在驻点和导数不存在的点附近左右侧的符号不变，则 $f(x)$ 在此点没有极值.

例 4　求函数 $f(x) = \dfrac{1}{8}(x^2 - 4)^3 + 6$ 的极值，如图 7.5 所示.

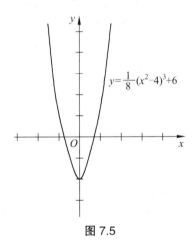

图 7.5

解　函数的定义域为 $(-\infty, +\infty)$.

求导数，$f'(x) = \dfrac{1}{8} \times 3(x^2 - 4)^2 \times 2x = \dfrac{3}{4}x(x^2 - 4)^2$.

令 $f'(x) = 0$，解得驻点 $x_1 = -2$，$x_2 = 0$，$x_3 = 2$.

当 x 变化时，$f'(x)$、$f(x)$ 的变化情况如表 7.4 所示.

表 7.4

x	$(-\infty, -2)$	-2	$(-2, 0)$	0	$(0, 2)$	2	$(2, +\infty)$
$f'(x)$	$-$	0	$-$	0	$+$	0	$+$
$f(x)$	↘	无极值	↘	极小值 -2	↗	无极值	↗

从表 7.4 中可以得到，当 $x = 0$ 时，$f(x)$ 有极小值，且极小值为 $f(0) = -2$.

课堂练习 7.4.2

求下列函数的极值点与极值，并指出所求极值是极大值还是极小值.

（1）$y = -x^2 + 4x + 5$；　　（2）$y = x^2 - 6x + 8$；

（3）$y = x^2 - 4$；　　　　（4）$y = x^3 - 27x + 44$.

习题 7.4

1. 求下列函数的单调区间.

（1）$y = -2x + 1$；　　　　（2）$y = x^2 + 4x - 5$；

（3）$y = x^3 - 2x^2 - 4x + 5$；　　（4）$y = x^3 - 12x + 6$.

2. 求下列函数的极值.

（1）$y = -2x^2 + 7x + 9$；　　（2）$y = x^2 - 6x + 8$；

（3）$y = 2 + x - x^2$；　　　　（4）$y = x^2 - 3x$.

3. 求下列函数的极值.

（1）$y = \dfrac{x}{x^2 + 9}$；　　　　（2）$y = 1 + \sqrt{x^2 - 1}$；

（3）$y = x^3 - 2x^2 - 4x + 5$；　　（4）$y = x^4 - 2x^3 + x^2 + 1$.

7.5 函数的最大值与最小值

观察定义在区间 $[a, b]$ 上的函数 $f(x)$ 的图像，如图 7.6 所示.

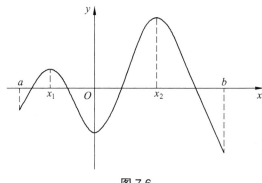

图 7.6

我们知道，图中有 3 个驻点：x_1，0，x_2；两个端点：a，b. 其中，驻点的函数值 $f(x_1)$ 与 $f(x_2)$ 是极大值，$f(0)$ 是极小值. 在解决实际问题时，我们往往关心的是函数在指定区间上，哪个值最大，哪个值最小. 从图 7.6 可以看出，函数在区间 $[a, b]$ 上的最大值是 $f(x_2)$，最小值是 $f(b)$.

一般地，在闭区间 $[a, b]$ 上的连续函数 $f(x)$，在 $[a, b]$ 上必有最大值与最小值.

在开区间 (a, b) 上的连续函数 $f(x)$ 不一定有最大值与最小值. 例如，函数 $f(x) = \dfrac{1}{x}$ 在 $(0, +\infty)$ 内连续，但没有最大值与最小值.

一般地，函数的最大值点与最小值点也是函数的极值点.

由此可以看出，只要把连续函数的极值与端点的函数值进行比较，就可以求出函数的最大值和最小值.

设函数 $f(x)$ 在 $[a, b]$ 上连续，求 $f(x)$ 在 $[a, b]$ 上的最大值与最小值的步骤如下：

（1）求 $f(x)$ 在 (a, b) 内所有驻点的函数值；

（2）将 $f(x)$ 各驻点和导数不存在的点的函数值与端点的函数值 $f(a)$ 与 $f(b)$ 进行比较，其中最大的一个是最大值 $y|_{\max}$，最小的一个是最小值 $y|_{\min}$.

特别地，若函数在开区间内只有一个极值点，则该极值一定是函数的最大值或最小值. 对于实际问题中的最大或最小值问题，则由实际问题的意义来判断.

例 1　求函数 $f(x) = x^3 - 3x^2 - 24x + 2$ 在区间 $[-3, 6]$ 上的最大值和最小值.

解　$f'(x) = 3x^2 - 6x - 24 = 3(x+2)(x-4)$

令 $f'(x) = 0$，解得驻点 $x_1 = -2$，$x_2 = 4$.

分别求出 $f(x)$ 在驻点与端点的函数值：

$f(-2) = 30$，$f(4) = -78$，$f(-3) = 20$，$f(6) = -34$.

比较上述函数值，可知在区间 $[-3, 6]$ 上函数的最大值为 $f(-2) = 30$，最小值为 $f(4) = -78$.

例 2　求函数 $y = x^2 - 2x + 3$ 在其定义域内的最值，如图 7.7 所示.

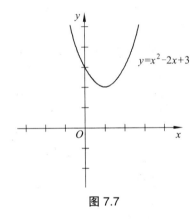

图 7.7

解　这个函数的定义域为 $(-\infty, +\infty)$.

求导数，$y' = 2x - 2 = 2(x-1)$.

令 $y' = 0$，得唯一驻点 $x = 1$.

当 x 在 $(-\infty, +\infty)$ 内变化时，y'、y 的变化情况如表 7.5 所示.

表 7.5

x	$(-\infty, 1)$	1	$(1, +\infty)$
y'	$-$	0	$+$
y	$\searrow$	极小值2	$\nearrow$

由表 7.5 可知，y' 在驻点 $x = 1$ 的左右值是左负右正，故 $x = 1$ 是该函数的极小值点，此时，函数的极小值就是函数在定义域内的最小值，即 $y_{\min} = f(1) = 2$.

在日常生活、生产和科研中，常常会遇到什么条件下可以使材料最省、利润最大、效率最高等问题，这往往可以建立数学模型，再归结为求函数的最大值或最小值问题.

例 3 用边长为 48 cm 的正方形铁皮做一个无盖水箱，先在四角分别截去一个小正方形，然后将四边折起，做成方形的水箱. 问四角截去多大的正方形时，水箱容积最大？最大容积是多少？

解 设截去的小正方形的边长为 x（$0 < x < 24$），则水箱的容积（单位：cm^3）为

$$V = V(x) = x(48 - 2x)^2$$

从问题的实际情况来看，如果 x 过小，水箱的高就很小，容积 V 就很小；如果 x 过大，则水箱的边长过小，从而水箱的底面积就很小，容积 V 也就很小. 因此，其中必有一适当的 x 值，使容积 V 取得最大值.

求 $V(x)$ 的导数，得

$$
\begin{aligned}
V'(x) &= (48 - 2x)^2 + x \cdot 2(48 - 2x) \times (-2) \\
&= (48 - 2x)(48 - 6x) \\
&= 12(24 - x)(8 - x)
\end{aligned}
$$

令 $V'(x) = 0$，得

$$x = 8, x = 24 \quad（不合题意）$$

当 x 在 $(0, 24)$ 内变化时，导数 $V'(x)$ 的正负如表 7.6 所示.

表 7.6

x	$(0, 8)$	8	$(8, 24)$
$V'(x)$	+	0	−

因此，在 $x = 8$ 处，函数 $V(x)$ 取得极大值，并且这个极大值就是函数 $V(x)$ 的最大值.

将 $x = 8$ 代入 $V(x)$，得最大容积：

$$V_{\max} = 8 \times (48 - 2 \times 8)^2 = 8\ 192 \quad（\text{cm}^3）$$

则四角截去边长为 8 cm 的小正方形时，水箱容积最大，最大容积为 8 192 cm^3.

例 4 一件衣服的成本为 50 元，在国庆节期间若以每件 x 元出售，可以卖出 $(300 - 2x)$ 件，问如何定价才能使利润最大？最大利润是多少？

分析： 总利润 y 等于单件衣服的利润乘售出衣服的件

数；而单件衣服的利润等于售价减去成本价，由此可得出总
利润 y 与售价 x 的函数关系式，再用导数求最大利润.

解 单件衣服的利润为：$x-50$；国庆期间售出衣服的
件数为：$300-2x$，故总利润为

$$y = (x-50)(300-2x)$$
$$= -2(x^2 - 200x + 7\,500) \ (50 < x < 150)$$

求 y 的导数，得 $y' = -2(2x - 200) = -4(x - 100)$.

令 $y' = 0$，得 $x = 100$.

当 x 在 $(50, 150)$ 内变化时，导数 y' 的正负如表 7.7 所示.

表 7.7

x	$(50, 100)$	100	$(100, 150)$
y'	$+$	0	$-$

因此，在 $x = 100$ 处，函数 y 取得极大值，并且这个极大
值就是函数 y 的最大值.

将 $x = 100$ 代入 y，得最大利润：

$$y_{\max} = (100 - 50) \times (300 - 2 \times 100) = 5\,000 \ （元）$$

习题 7.5

1. 求下列函数在指定区间上的最大值与最小值.

（1） $y = 2x^2 - 3x - 5$，$[-2, 3]$；

（2） $y = 2x^3 - 3x^2 + 1$，$[-1, 2]$；

（3） $y = x^3 - 12x$，$[-3, 3]$；

（4） $y = (x^2 - 1)(x^2 + 2)$，$[-2, 2]$.

2. 把长 80 cm 的铁丝围成矩形，长宽各为多少时，矩
形面积最大？

3. 某商品80元，每周卖出 200 件. 若调整价格，每降
价 5 元，每周多卖20件. 已知每件商品的成本为40元，如何
定价才能使利润最大？最大利润为多少？

4. 某商品一件的成本为30元，在某段时间内若以每
件 x 元出售，可卖出 $(200 - x)$ 件，应如何定价才能使利润
最大？

主要知识点小结

本章主要内容为：导数的概念、求导数的方法、导数的应用.

（1）导数的概念.

函数 $y = f(x)$ 的导数 $f'(x)$，就是当 $\Delta x \to 0$ 时，函数的增量 Δy 与自变量的增量 Δx 的比 $\dfrac{\Delta y}{\Delta x}$ 的极限，即

$$f'(x) = \lim_{\Delta x \to 0} \frac{\Delta y}{\Delta x} = \lim_{\Delta x \to 0} \frac{f(x + \Delta x) - f(x)}{\Delta x}$$

函数 $y = f(x)$ 在点 x_0 处的导数的几何意义，就是曲线 $y = f(x)$ 在点 $P[x_0, f(x_0)]$ 处的切线的斜率，即

$$k = f'(x_0)$$

若 $f'(x_0)$ 存在，曲线 $y = f(x)$ 在点 $P[x_0, f(x_0)]$ 处的切线方程为

$$y - y_0 = f'(x_0)(x - x_0)$$

（2）求导数的方法.

① 根据导数的定义求导，分 3 步：

a. 求函数的增量 $\Delta y = f(x + \Delta x) - f(x)$；

b. 求平均变化率 $\dfrac{\Delta y}{\Delta x} = \dfrac{f(x + \Delta x) - f(x)}{\Delta x}$；

c. 取极限，得导数 $f'(x) = \lim\limits_{\Delta x \to 0} \dfrac{\Delta y}{\Delta x} = \lim\limits_{\Delta x \to 0} \dfrac{f(x_0 + \Delta x) - f(x_0)}{\Delta x}$.

② 常用的导数公式如下：

$$C' = 0 \ (\text{C 为常数});$$

$$(x^n)' = nx^{n-1} \ (n \in \mathbf{Q});$$

$$(\sin x)' = \cos x;$$

$$(\cos x)' = -\sin x;$$

$$(\tan x)' = \frac{1}{\cos^2 x} = \sec^2 x;$$

$$(\mathrm{e}^x)' = \mathrm{e}^x;$$

$$(a^x)' = a^x \ln a;$$

$$(\ln x)' = \frac{1}{x};$$

$$(\log_a x)' = \frac{1}{x}\log_a e.$$

③ 两个函数四则运算的导数：

$$[f(x) \pm g(x)]' = f'(x) \pm g'(x);$$

$$[f(x) \cdot g(x)]' = f'(x)g(x) + f(x)g'(x);$$

$$[Cf(x)]' = Cf'(x) \quad (C 为常数);$$

$$\left[\frac{f(x)}{g(x)}\right]' = \frac{f'(x)g(x) - f(x)g'(x)}{[g(x)]^2} \quad [g(x) \neq 0].$$

④ 复合函数的导数：$y = f(u)$ 和 $u = g(x)$ 复合而成的函数 $y = f[g(x)]$，则

$$y'_x = y'_u \cdot u'_x$$

（3）导数的应用.

① 函数的单调性与极值.

当函数 $y = f(x)$ 在某个区间内可导时，如果 $f'(x) > 0$，则 $f(x)$ 为增函数；如果 $f'(x) < 0$，则 $f(x)$ 为减函数.

设函数 $f(x)$ 在 x_0 附近有定义，如果对 x_0 附近所有的点都有 $f(x) \leqslant f(x_0)$ 或 $f(x) \geqslant f(x_0)$，我们就说 $f(x_0)$ 是函数 $f(x)$ 的一个极大值（或极小值）.

② 极值的判别.

函数 $f(x)$ 在点 x_0 及其附近连续，如果在点 x_0 处两侧的导数异号，那么点 x_0 是函数 $f(x)$ 的极值点；若同号，则点 x_0 是非极值点.

③ 闭区间上函数的最大值与最小值.

函数 $f(x)$ 在 $[a,b]$ 上的最大值与最小值的求法如下：

a. 求 $f(x)$ 在 (a,b) 内所有驻点和导数不存在的点的函数值；

b. 将 $f(x)$ 各驻点和导数不存在的点的函数值与端点的函数值 $f(a)$ 与 $f(b)$ 进行比较，其中最大的一个是最大值，最小的一个是最小值.

特别地，若函数在开区间只有一个极值点，则该极值一定是函数的最大值或最小值.

实际问题求最大（小）值，可根据实际问题的意义来判断.

测试题 7

一、判断题

1. 函数在某点导数的实质是函数在某点的瞬时变化率. （   ）

2. 若 $f(x) = g(x)$ ，则 $f'(x) = g'(x)$ ；若 $f'(x) = g'(x)$ ，则 $f(x) = g(x)$. （   ）

3. 若 $y = f(u) = f[g(x)]$ ，则 $y'_u = f'(u)$ ， $y'_x = f'(x)$ 或 $y'_x = y'_u \cdot u'_x$. （   ）

4. 若 $f'(x_0) = 0$ ，则 x_0 必是驻点. （   ）

5. 若 $f'(x_0) = 0$ ，则 x_0 必是极值点. （   ）

二、填空题

1. 曲线 $y = x^2 + 2x - 3$ 在点 $P(2, 5)$ 处的切线斜率为_____，切线方程为_____.

2. 函数 $y = x^2 - 6x + 8$ 的递增区间是_____，递减区间是_____.

3. 函数 $y = -x^2 + 3x - 2$ 在其定义域内的极值点是_____，极值是_____.

4. 函数 $y = 2x^3 - 15x^2 + 36x - 24$ 在区间 $[1, 4]$ 内的最大值是_____，最小值是_____.

5. 已知函数 $f(x) = \sin^3 2x \cos^2 3x$ ，则 $f'(x) = $_____， $f'\left(\dfrac{\pi}{3}\right) = $_____.

三、选择题

1. 关于导数定义 $f'(x) = \lim\limits_{\Delta x \to 0} \dfrac{\Delta y}{\Delta x}$ ，下面说法正确的是（   ）.

    A. Δx 可为 0 ， Δy 不可为 0

    B. Δx 不可为 0 ， Δy 可为 0

    C. Δx ， Δy 都可为 0

    D. Δx ， Δy 都不可为 0

2. 下列说法正确的是（   ）.

    A. 定义域内极大值就是最大值

    B. 定义域内极小值就是最小值

    C. 闭区间内连续函数有最大（小）值

D. 开区间上连续函数有最大（小）值

3. 关于函数 $y = \sin^2(e^{x^2+2x-3})$ 的导数，下列选项中正确的是（　　　）.

  A. $y' = 2\sin(e^{x^2+2x-3})$

  B. $y' = 2\sin(e^{x^2+2x-3})\cos(e^{x^2+2x-3})$

  C. $y' = 2\sin(e^{x^2+2x-3})\cos(e^{x^2+2x-3})e^{x^2+2x-3}$

  D. $y' = 2\sin(e^{x^2+2x-3})\cos(e^{x^2+2x-3})e^{x^2+2x-3}(2x+2)$

4. 关于复合函数，下列选项中正确的是（　　　）.

  A. $y = \lg(\sin^2 3x)$ 是由 2 个函数复合而成的

  B. $y = \lg(\sin^2 3x)$ 是由 3 个函数复合而成的

  C. $y = \lg(\sin^2 3x)$ 是由 4 个函数复合而成的

  D. $y = \lg(\sin^2 3x)$ 是由 5 个函数复合而成的

5. 关于函数 $f(x) = x^3 + 3x^2 - 9x + 3$ 在区间 $[-4, 2]$ 内，下列说法正确的是（　　　）.

  A. 该函数的增区间为 $[-4, -3] \cup [1, 2]$，减区间为 $(-3, 1)$

  B. 该函数的增区间为 $(-3, 1)$，减区间为 $[-4, -3] \cup [1, 2]$

  C. 该函数的最大值为 $f(-3)$，最小值为 $f(1)$

  D. 该函数的最大值为 $f(-4)$，最小值为 $f(2)$

四、解答题

1. 已知曲线 $y = x^2 + 2x - 3$ 上有两点 $P(1, 0)$，$Q(2, 5)$.

（1）求割线 PQ 的斜率；

（2）求点 P 处的切线方程.

2. 一杯温度为 $100\,℃$ 的白开水放于室温为 $10\,℃$ 的房间里，它的温度会逐渐下降，水温 T（单位：$℃$）与时间 t（单位：$\min$）之间的关系由函数 $T = f(t)$ 给出. 请问：

（1）$f(t)$，$f'(t)$ 的含义分别是什么？

（2）$f(t)$，$f'(t)$ 的符号分别是什么？为什么？

（3）$f'(3) = -5$ 的实际意义是什么？

3. 一串钥匙从离地面 $20\,m$ 的高楼上自由释放，已知钥匙下落高度 h（单位：m）与其下落时间 t（单位：s）存在函数关系 $h = 5t^2$，请问：

（1）经过几秒钥匙落到地面？

（2）落到地面时，钥匙的速度为多少？

4. 某旅馆共有 30 间房，当每个房间定价为100 元时，房间会全部定满；当每个房间的定价增加10 元时，就会有一间房空出. 若游客居住房间, 房间每天花费需20元, 房价定为多少时旅馆利润最大?

5. 圆柱形金属饮料罐的容积 V 一定时, 它的高度 H 与底面半径 R 应怎样选取才能使所用材料最省?

6. 某商人如果将进货价为 8 元的商品按每件 10 元出售, 每天可销售100 件, 现采用提高售出价, 减少进货量的办法增加利润, 已知这种商品每涨价 1 元其销售量就要减少10 件, 问他将售出价 (x) 定为多少元时, 才能使每天所赚的利润 (y) 最大? 并求出最大利润.

8　一元函数的积分学初步

前面学习了一元函数的微分学,下面将讨论一元函数的积分学. 本章将先讲述不定积分的概念、性质及计算方法；然后讲述定积分的概念、性质及计算方法；最后讨论定积分的应用：

（1）平面图形的面积；

（2）变速直线运动的路程；

（3）变力做功.

8.1 不定积分的概念

8.1.1 原函数的概念

在自由落体运动中，路程函数为 $s(t) = \dfrac{1}{2}gt^2$，其导函数 $s'(t) = \left(\dfrac{1}{2}gt^2\right)' = gt = v(t)$ 就是速度函数，这时称路程函数 $s(t) = \dfrac{1}{2}gt^2$ 为速度函数 $v(t) = gt$ 的原函数.

定义 1 设 $f(x)$ 是定义在区间 I 上的一个函数，如果存在函数 $F(x)$，在区间任一点 x 处都有 $F'(x) = f(x)$，则称 $F(x)$ 为 $f(x)$ 的一个原函数.

例如，因为 $(x^2)' = 2x$，所以 x^2 是 $2x$ 的一个原函数.

另外，$(x^2 + 1)' = 2x$，$(x^2 - \sqrt{3})' = 2x$，$(x^2 + C)' = 2x$，其中 C 是任意常数，所以 $x^2 + 1$，$x^2 - \sqrt{3}$，$x^2 + C$ 都是 $2x$ 的原函数.

一般地，若 $F(x)$ 为 $f(x)$ 的一个原函数，则 $f(x)$ 有无数个原函数且其一般表达式为 $F(x) + C$，其中 C 是任意常数.

可以证明，初等函数在其定义区间上必有原函数.

课堂练习 8.1.1

1. 判断下列结论是否正确.

（1）若 $S'(t) = V(t)$，则 $S(t) + 2$ 是 $V(t)$ 的一个原函数.

（2）若 $y = 1$，则 $y = 1$ 的一个原函数为 $y = C$.

2. 填空.

（1）$(3x^2 + 4x)' = $_____.

（2）若 $s'(t) = v(t)$，则 $s(t)$ 是 $v(t)$ 的一个_____.

8.1.2　不定积分的定义

定义 2　如果函数 $F(x)$ 是 $f(x)$ 的一个原函数，则称 $f(x)$ 的全部原函数 $F(x)+C$（其中 C 是任意常数）为 $f(x)$ 的**不定积分**，记为 $\int f(x)\mathrm{d}x$，即 $\int f(x)\mathrm{d}x=F(x)+C$，其中 "$\int$" 叫作积分号，$f(x)$ 叫作被积函数，x 叫作积分变量，$f(x)\mathrm{d}x$ 叫作被积表达式，C 叫作积分常数.

求一个函数 $f(x)$ 的不定积分，只需求出 $f(x)$ 的一个原函数，再加上任意常数即可.

例 1　求 $\int x^4\mathrm{d}x$.

解　由于 $\left(\dfrac{1}{5}x^5\right)'=x^4$，所以 $\dfrac{1}{5}x^5$ 是 x^4 的一个原函数.

则 $\int x^4\mathrm{d}x=\dfrac{1}{5}x^5+C$

例 2　求 $\int \mathrm{e}^x\mathrm{d}x$.

解　由于 $(\mathrm{e}^x)'=\mathrm{e}^x$，所以 e^x 是 e^x 的一个原函数.

则 $\int \mathrm{e}^x\mathrm{d}x=\mathrm{e}^x+C$

例 3　求 $\int \cos x\mathrm{d}x$.

解　由于 $(\sin x)'=\cos x$，所以 $\sin x$ 是 $\cos x$ 的一个原函数.

则 $\int \cos x\mathrm{d}x=\sin x+C$

在今后不发生混淆的情况下，不定积分也简称为积分，故把求不定积分的运算叫作积分.

积分与导数互为逆运算.

8.1.3　不定积分的几何意义

由不定积分的定义可知，若函数 $F(x)$ 是 $f(x)$ 的一个原函数，则有 $\int f(x)\mathrm{d}x=F(x)+C$（$C$ 为任意常数），C 每确定一个值 C_0，就确定 $f(x)$ 的一个原函数，在直角坐标系中就确定一条曲线 $y=F(x)+C_0$，这条曲线叫作 $f(x)$ 的一条积分曲线.

因为 C 可以任意取值，所以 $f(x)$ 的积分曲线有无穷多条，所有的这些积分曲线构成一个曲线族，称之为 $f(x)$ 的积分曲线族. 这些曲线在横坐标相同的点, 切线斜率相同, 如图 8.1 所示, 这就是不定积分的几何意义.

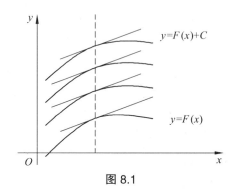

图 8.1

由于积分与导数互为逆运算, 则对速度函数的积分可求出距离函数, 对加速度函数的积分可求出速度函数.

例 4　已知某函数的导数为 $2x+1$, 又知当 $x=2$ 时, 该函数的值等于 8, 求此函数.

解　设所求函数为 $y=F(x)$, 依题意有 $F'(x)=2x+1$, 则

$$y=F(x)=\int(2x+1)\mathrm{d}x=x^2+x+C$$

又因为 $x=2$, $y=8$, 代入上式得 $C=2$, 故所求的函数为

$$y=x^2+x+2$$

例 5　一物体做直线运动, 其加速度为 $a=3t+4$, 当 $t=2\,\mathrm{s}$ 时, 该物体经过的速度和路程分别为 $v=15\,\mathrm{m/s}$, $s=50\,\mathrm{m}$, 试求:

(1) 物体的速度方程, 并求当 $t=4\,\mathrm{s}$ 时, 物体的运动速度.

(2) 物体的运动方程, 并求当 $t=4\,\mathrm{s}$ 时, 物体的经过距离.

解　(1) 设物体的速度方程为 $v=v(t)$, 依题意有

$$v=v(t)=\int(3t+4)\mathrm{d}t=\frac{3}{2}t^2+4t+C_1$$

又因为 $t=2\,\mathrm{s}$, $v=15\,\mathrm{m/s}$, 代入上式得 $C_1=1$, 故所求的速度方程为

$$v=\frac{3}{2}t^2+4t+1$$

当 $t=4\,\mathrm{s}$ 时, $v=41\,\mathrm{m/s}$.

（2）设物体的运动方程为 $s = s(t)$，依题意有

$$s = s(t) = \int v(t)\mathrm{d}t = \int\left(\frac{3}{2}t^2 + 4t + 1\right)\mathrm{d}t = \frac{1}{2}t^3 + 2t^2 + t + C_2$$

又因为 $t = 2$ s, $s = 50$ m/s，代入上式得 $C_2 = 36$，故所求的运动方程为

$$s = \frac{1}{2}t^3 + 2t^2 + t + 36$$

当 $t = 4$ s 时，$s = 104$ m．

课堂练习 **8.1.2**

1. 判断下列结论是否正确．

（1）$\int x\mathrm{d}x = 1 + C$；（2）$\int f'(x)\mathrm{d}x = f(x) + C$．

2. 填空．

一物体做直线运动，其加速度为 $a = 2t + 3$，当 $t = 1$ s 时，该物体经过的速度和路程分别为 $v = 10$ m/s，$s = 40$ m，则物体的速度方程为＿＿＿＿＿＿＿；当 $t = 2$ s 时，物体的运动速度为＿＿＿＿＿＿．

习题 8.1

1. 用求导的方法验证下列等式．

（1）$\int 3x^3\mathrm{d}x = \frac{3}{4}x^4 + C$；（2）$\int 2\cos x\mathrm{d}x = 2\sin x + C$；

（3）$\int \frac{1}{x^3}\mathrm{d}x = -\frac{1}{2x^2} + C$；（4）$\int 3 \times 2^x\mathrm{d}x = 3 \times \frac{2^x}{\ln 2} + C$．

2. 填空．

（1）已知 $(2x^2)' = 4x$，则 $\int 4x\mathrm{d}x = $＿＿＿＿＿＿．

（2）$g'(x) = h(x)$，则 $\int h(x)\mathrm{d}x = $＿＿＿＿＿＿．

3. 已知某函数的导数为 $3x^2 + 1$，又知当 $x = 3$ 时，该函数的值等于 25，求此函数．

4. 一物体做直线运动，其速度为 $v = 2t + 3$，当 $t = 2$ s 时，该物体经过的路程为 $s = 8$ m，试求物体的运动方程，并求当 $t = 4$ s 时，物体经过的路程．

8.2 积分的基本公式和性质、直接积分法

8.2.1 积分的基本公式

（1）$\int \mathrm{d}x = x + C$

（2）$\int x \mathrm{d}x = \dfrac{1}{2}x^2 + C$

（3）$\int \dfrac{1}{x^2} \mathrm{d}x = -\dfrac{1}{x} + C$

（4）$\int x^{\alpha} \mathrm{d}x = \dfrac{x^{\alpha+1}}{\alpha+1} + C$

（5）$\int \dfrac{1}{\sqrt{x}} \mathrm{d}x = 2\sqrt{x} + C$

（6）$\int \dfrac{1}{x} \mathrm{d}x = \ln|x| + C$

（7）$\int a^x \mathrm{d}x = \dfrac{1}{\ln a} a^x + C$

（8）$\int \mathrm{e}^x \mathrm{d}x = \mathrm{e}^x + C$

（9）$\int \sin x \mathrm{d}x = -\cos x + C$

（10）$\int \cos x \mathrm{d}x = \sin x + C$

（11）$\int \tan x \mathrm{d}x = \ln|\sec x| + C$

（12）$\int \cot x \mathrm{d}x = -\ln|\csc x| + C$

（13）$\int \sec x \mathrm{d}x = \ln|\sec x + \tan x| + C$

（14）$\int \csc x \mathrm{d}x = -\ln|\csc x + \cot x| + C$

（15）$\int \sec^2 x \mathrm{d}x = \tan x + C$

（16）$\int \csc^2 x \mathrm{d}x = -\cot x + C$

（17）$\int \sec x \tan x \mathrm{d}x = \sec x + C$

（18）$\int \csc x \cot x \mathrm{d}x = -\csc x + C$

（19）$\int \dfrac{1}{1+x^2} \mathrm{d}x = \arctan x + C$

（20）$\int \dfrac{1}{\sqrt{1-x^2}} \mathrm{d}x = \arcsin x + C$

其中，C 为任意常数.

课堂练习 **8.2.1**

1. 判断下列结论是否正确.

（1）$\int -\dfrac{1}{x}dx = \dfrac{1}{x^2} + C$；（2）$\int \dfrac{1}{\sqrt{x}}dx = 2\sqrt{x} + C$.

2. 填空.

（1）$\int \dfrac{1}{1+x^2}dx = $ _____；

（2）$\int \sec x \tan x dx = $ _____.

8.2.2 积分的基本性质

（1）不定积分的导数等于被积函数，即 $\left[\int f(x)dx\right]' = f(x)$.

例如，$\left(\int x^3 dx\right)' = x^3$；$\left(\int \sin x dx\right)' = \sin x$.

（2）一个函数导数的不定积分等于该函数本身加上任意常数，即 $\int F'(x)dx = F(x) + C$.

（3）两个函数的代数和的不定积分等于这两个函数不定积分的代数和，即 $\int [f(x) \pm g(x)]dx = \int f(x)dx \pm \int g(x)dx$.

（4）被积函数的常数因子可提到积分号的外面，即 $\int kf(x)dx = k\int f(x)dx$（$k$ 为不等于零的常数）.

课堂练习 **8.2.2**

1. 判断下列结论是否正确.

（1）$\int \left(\dfrac{1}{x^2} + 1\right)dx = -\dfrac{1}{x} + C$；

（2）$\int (2x^2 - 3x)dx = 2x^3 - 3x^2 + C$.

2. 填空.

（1）$\int (3\sec^2 x + 2\sin x)dx = $ _____；

（2）$\int \left(2e^x + \dfrac{4}{x^2}\right)dx = $ _____.

8.2.3 直接积分法

直接利用基本积分公式和性质求出积分, 或将被积函数经过简单的恒等变形, 然后利用基本积分公式和性质求出积分, 这种积分方法称为直接积分法.

例 1 求 $\int(x^3 + 4x^2 - 3x + 2)\mathrm{d}x$.

解 $\int(x^3 + 4x^2 - 3x + 2)\mathrm{d}x$

$= \int x^3\mathrm{d}x + \int 4x^2\mathrm{d}x - \int 3x\mathrm{d}x + \int 2\mathrm{d}x$

$= \int x^3\mathrm{d}x + 4\int x^2\mathrm{d}x - 3\int x\mathrm{d}x + 2\int \mathrm{d}x$

$= \left(\dfrac{1}{4}x^4 + C_1\right) + 4 \times \left(\dfrac{1}{3}x^3 + C_2\right) -$

$\qquad 3 \times \left(\dfrac{1}{2}x^2 + C_3\right) + 2 \times (x + C_4)$

$= \dfrac{1}{4}x^4 + \dfrac{4}{3}x^3 - \dfrac{3}{2}x^2 + 2x + (C_1 + 4C_2 - 3C_3 + 2C_4)$

$= \dfrac{1}{4}x^4 + \dfrac{4}{3}x^3 - \dfrac{3}{2}x^2 + 2x + C$

$\qquad (C = C_1 + 4C_2 - 3C_3 + 2C_4)$

由于积分常数的任意性, 最后只写出一个常数 C 即可.

例 2 求 $\int\left(2\sqrt{x} - 3\sec^2 x + \dfrac{5}{\sqrt{1-x^2}}\right)\mathrm{d}x$.

解 $\int\left(2\sqrt{x} - 3\sec^2 x + \dfrac{5}{\sqrt{1-x^2}}\right)\mathrm{d}x$

$= \int 2\sqrt{x}\mathrm{d}x - \int 3\sec^2 x\mathrm{d}x + \int \dfrac{5}{\sqrt{1-x^2}}\mathrm{d}x$

$= 2\int \sqrt{x}\mathrm{d}x - 3\int \sec^2 x\mathrm{d}x + 5\int \dfrac{1}{\sqrt{1-x^2}}\mathrm{d}x$

$= 2 \times \dfrac{x^{\frac{1}{2}+1}}{\dfrac{1}{2}+1} - 3\tan x + 5\arcsin x + C$

$= \dfrac{4}{3}x^{\frac{3}{2}} - 3\tan x + 5\arcsin x + C$

例 3 求 $\int \dfrac{x^2 - 2}{x^2 + 1}\mathrm{d}x$.

解 $\displaystyle\int\frac{x^2-2}{x^2+1}\mathrm{d}x=\int\frac{x^2+1-3}{x^2+1}\mathrm{d}x$

$\displaystyle\qquad\qquad=\int\left(1-\frac{3}{x^2+1}\right)\mathrm{d}x=\int\mathrm{d}x-3\int\frac{1}{x^2+1}\mathrm{d}x$

$\displaystyle\qquad\qquad=x-3\arctan x+C$

例 4 求 $\displaystyle\int\frac{(\sqrt{x}+1)^2}{\sqrt[3]{x}}\mathrm{d}x$.

解 $\displaystyle\int\frac{(\sqrt{x}+1)^2}{\sqrt[3]{x}}\mathrm{d}x=\int\frac{x+2\sqrt{x}+1}{\sqrt[3]{x}}$

$\displaystyle\qquad\qquad=\int\frac{x+2x^{\frac{1}{2}}+1}{x^{\frac{1}{3}}}\mathrm{d}x$

$\displaystyle\qquad\qquad=\int x^{-\frac{2}{3}}\mathrm{d}x+2\int x^{\frac{1}{6}}\mathrm{d}x+\int x^{-\frac{1}{3}}\mathrm{d}x$

$\displaystyle\qquad\qquad=\frac{x^{-\frac{2}{3}+1}}{-\frac{2}{3}+1}+2\times\frac{x^{\frac{1}{6}+1}}{\frac{1}{6}+1}+\frac{x^{-\frac{1}{3}+1}}{-\frac{1}{3}+1}+C$

$\displaystyle\qquad\qquad=3x^{\frac{1}{3}}+\frac{12}{7}x^{\frac{7}{6}}+\frac{3}{2}x^{\frac{2}{3}}+C$

例 5 求 $\displaystyle\int\frac{3x^2+2}{x^4+x^2}\mathrm{d}x$.

解 $\displaystyle\int\frac{3x^2+2}{x^4+x^2}\mathrm{d}x=\int\frac{2(x^2+1)+x^2}{x^2(x^2+1)}\mathrm{d}x$

$\displaystyle\qquad\qquad=2\int\frac{1}{x^2}\mathrm{d}x+\int\frac{1}{1+x^2}\mathrm{d}x$

$\displaystyle\qquad\qquad=-\frac{2}{x}+\arctan x+C$

课堂练习 8.2.3

1. 判断下列结论是否正确.

（1）$\displaystyle\int\left(\frac{\sin x}{x^2}\right)\mathrm{d}x=\int\sin x\mathrm{d}x\int\frac{1}{x^2}\mathrm{d}x$

（2）$\displaystyle\int(2\sec^2 x-2x)\mathrm{d}x=\tan x-x^2+C$

2. 填空.

（1）$\displaystyle\int\frac{x^4-2x^2+1}{x^2}\mathrm{d}x=$ _____ ;

（2）$\displaystyle\int\left(\frac{2}{\sqrt{1-x^2}}+\csc x\cot x\right)\mathrm{d}x=$ _____ .

8.2.4　简易积分表及其用法

1. 含有 $a+bx$ 的积分

（1）$\displaystyle\int\frac{\mathrm{d}x}{a+bx}=\frac{1}{b}\ln|a+bx|+C$

（2）$\displaystyle\int(a+bx)^n\mathrm{d}x=\frac{(a+bx)^{n+1}}{b(n+1)}+C\ (n\neq-1)$

（3）$\displaystyle\int\frac{\mathrm{d}x}{a+bx}=\frac{1}{b^2}(a+bx-\ln|a+bx|)+C$

（4）$\displaystyle\int\frac{x^2\mathrm{d}x}{a+bx}=\frac{1}{b^3}\left[\frac{1}{2}(a+bx)^2-2a(a+bx)+a^2\ln|a+bx|\right]+C$

（5）$\displaystyle\int\frac{\mathrm{d}x}{x(a+bx)}=-\frac{1}{a}\ln\left|\frac{a+bx}{x}\right|+C$

（6）$\displaystyle\int\frac{\mathrm{d}x}{x^2(a+bx)}=-\frac{1}{ax}+\frac{b}{a^2}\ln\left|\frac{a+bx}{x}\right|+C$

（7）$\displaystyle\int\frac{x\mathrm{d}x}{(a+bx)^2}=\frac{1}{b^2}\left(\ln|a+bx|+\frac{a}{a+bx}\right)+C$

（8）$\displaystyle\int\frac{x^2\mathrm{d}x}{(a+bx)^2}=\frac{1}{b^3}\left(a+bx-2a\ln|a+bx|-\frac{a^2}{a+bx}\right)+C$

（9）$\displaystyle\int\frac{\mathrm{d}x}{x(a+bx)^2}=\frac{1}{a(a+bx)}-\frac{1}{a^2}\ln\left|\frac{a+bx}{x}\right|+C$

2. 含有 $\sqrt{a+bx}$ 的积分

（1）$\displaystyle\int\sqrt{a+bx}\mathrm{d}x=\frac{2}{3b}\sqrt{(a+bx)^3}+C$

（2）$\displaystyle\int x\sqrt{a+bx}\mathrm{d}x=-\frac{2(2a-3bx)\sqrt{(a+bx)^3}}{15b^2}+C$

（3）$\displaystyle\int x^2\sqrt{a+bx}\mathrm{d}x=-\frac{2(8a^2-12abx+15b^2x^2)\sqrt{(a+bx)^3}}{105b^3}+C$

（4）$\displaystyle\int\frac{x\mathrm{d}x}{\sqrt{a+bx}}=-\frac{2(2a-bx)}{3b^2}\sqrt{a+bx}+C$

（5）$\displaystyle\int\frac{x^2\mathrm{d}x}{\sqrt{a+bx}}=\frac{2(8a^2-4abx+3b^2x^2)}{15b^3}\sqrt{a+bx}+C$

（6）$\displaystyle\int\frac{\mathrm{d}x}{x\sqrt{a+bx}}=\begin{cases}\dfrac{1}{\sqrt{a}}\ln\left|\dfrac{\sqrt{a+bx}-\sqrt{a}}{\sqrt{a+bx}+\sqrt{a}}\right|+C\ (a>0)\\[4mm]\dfrac{2}{\sqrt{-a}}\arctan\sqrt{\dfrac{a+bx}{-a}}+C\ (a<0)\end{cases}$

（7）$\displaystyle\int\frac{\mathrm{d}x}{x^2\sqrt{a+bx}}=-\frac{\sqrt{a+bx}}{ax}-\frac{b}{2a}\int\frac{\mathrm{d}x}{x\sqrt{a+bx}}$

（8）$\displaystyle\int\frac{\sqrt{a+bx}}{x}\mathrm{d}x=2\sqrt{a+bx}+a\int\frac{\mathrm{d}x}{x\sqrt{a+bx}}$

3. 含有 $a^2\pm x^2$ 的积分

（1）$\displaystyle\int\frac{\mathrm{d}x}{a^2+x^2}=\frac{1}{a}\arctan\frac{x}{a}+C$

（2）$\displaystyle\int\frac{\mathrm{d}x}{(a^2+x^2)^n}=\frac{x}{2(n-1)a^2(x^2+a^2)^{n-1}}+$
$\qquad\qquad\qquad\qquad\dfrac{2n-3}{2(n-1)a^2}\displaystyle\int\frac{\mathrm{d}x}{(x^2+a^2)^{n-1}}$

（3）$\displaystyle\int\frac{\mathrm{d}x}{a^2-x^2}=\frac{1}{2a}\ln\left|\frac{a+x}{a-x}\right|+C$

（4）$\displaystyle\int\frac{\mathrm{d}x}{x^2-a^2}=\frac{1}{2a}\ln\left|\frac{a-x}{a+x}\right|+C$

4. 含有 $a\pm bx^2$ 的积分

（1）$\displaystyle\int\frac{\mathrm{d}x}{a+bx^2}=\frac{1}{\sqrt{ab}}\arctan\sqrt{\frac{b}{a}}x+C\quad(a>0,\ b>0)$

（2）$\displaystyle\int\frac{\mathrm{d}x}{a-bx^2}=\frac{1}{2\sqrt{ab}}\ln\left|\frac{\sqrt{a}+\sqrt{b}x}{\sqrt{a}-\sqrt{b}x}\right|+C$

（3）$\displaystyle\int\frac{x\mathrm{d}x}{a+bx^2}=\frac{1}{2b}\ln\left|a+bx^2\right|+C$

（4）$\displaystyle\int\frac{x^2\mathrm{d}x}{a+bx^2}=\frac{x}{b}-\frac{a}{b}\int\frac{\mathrm{d}x}{a+bx^2}$

（5）$\displaystyle\int\frac{\mathrm{d}x}{x(a+bx^2)}=\frac{1}{2a}\ln\left|\frac{x^2}{a+bx^2}\right|+C$

（6）$\displaystyle\int\frac{\mathrm{d}x}{x^2(a+bx^2)}=-\frac{1}{ax}-\frac{a}{b}\int\frac{\mathrm{d}x}{a+bx^2}$

（7）$\displaystyle\int\frac{\mathrm{d}x}{(a+bx^2)^2}=-\frac{x}{2a(a+bx^2)}+\frac{1}{2a}\int\frac{\mathrm{d}x}{a+bx^2}$

5. 含有 $\sqrt{x^2+a^2}$ 的积分

（1）$\displaystyle\int\sqrt{x^2+a^2}\,\mathrm{d}x=\frac{x}{2}\sqrt{x^2+a^2}+\frac{a^2}{2}\ln(x+\sqrt{x^2+a^2})+C$

（2）$\int \sqrt{(x^2+a^2)^3}\,\mathrm{d}x = \dfrac{x}{8}(2x^2+5a^2)\sqrt{x^2+a^2}+$

$\qquad\qquad\qquad \dfrac{3a^4}{8}\ln(x+\sqrt{x^2+a^2})+C$

（3）$\int x\sqrt{x^2+a^2}\,\mathrm{d}x = \dfrac{\sqrt{(x^2+a^2)^3}}{3}+C$

（4）$\int x^2\sqrt{x^2+a^2}\,\mathrm{d}x = \dfrac{x}{8}(2x^2+a^2)\sqrt{x^2+a^2}-$

$\qquad\qquad\qquad \dfrac{a^4}{8}\ln(x+\sqrt{x^2+a^2})+C$

（5）$\int \dfrac{\mathrm{d}x}{\sqrt{x^2+a^2}} = \ln(x+\sqrt{x^2+a^2})+C$

（6）$\int \dfrac{\mathrm{d}x}{\sqrt{(x^2+a^2)^3}} = \dfrac{x}{a^2\sqrt{x^2+a^2}}+C$

（7）$\int \dfrac{x\mathrm{d}x}{\sqrt{x^2+a^2}} = \sqrt{x^2+a^2}+C$

（8）$\int \dfrac{x^2}{\sqrt{x^2+a^2}}\,\mathrm{d}x = \dfrac{x}{2}\sqrt{x^2+a^2}-\dfrac{a^2}{2}\ln(x+\sqrt{x^2+a^2})+C$

（9）$\int \dfrac{x^2\mathrm{d}x}{\sqrt{(x^2+a^2)^3}} = -\dfrac{x}{\sqrt{x^2+a^2}}+\ln(x+\sqrt{x^2+a^2})+C$

（10）$\int \dfrac{\mathrm{d}x}{x\sqrt{x^2+a^2}} = \dfrac{1}{a}\ln\dfrac{|x|}{a+\sqrt{x^2+a^2}}+C$

（11）$\int \dfrac{\mathrm{d}x}{x^2\sqrt{x^2+a^2}} = -\dfrac{\sqrt{x^2+a^2}}{a^2x}+C$

（12）$\int \dfrac{\sqrt{x^2+a^2}}{x}\,\mathrm{d}x = \sqrt{x^2+a^2}-a\ln\dfrac{a+\sqrt{x^2+a^2}}{|x|}+C$

（13）$\int \dfrac{\sqrt{x^2+a^2}}{x^2}\,\mathrm{d}x = -\dfrac{\sqrt{x^2+a^2}}{x}+\ln(x+\sqrt{x^2+a^2})+C$

6. 含有 $\sqrt{x^2-a^2}$ 的积分

（1）$\int \dfrac{\mathrm{d}x}{\sqrt{x^2-a^2}} = \ln(x+\sqrt{x^2-a^2})+C$

（2）$\int \dfrac{\mathrm{d}x}{\sqrt{(x^2-a^2)^3}} = -\dfrac{x}{a^2\sqrt{x^2-a^2}}+C$

（3）$\int \dfrac{x\mathrm{d}x}{\sqrt{x^2-a^2}} = \sqrt{x^2-a^2}+C$

（4）$\int \sqrt{x^2-a^2}\,\mathrm{d}x = \dfrac{x}{2}\sqrt{x^2-a^2}-\dfrac{a^2}{2}\ln(x+\sqrt{x^2-a^2})+C$

（5）$\int \sqrt{(x^2-a^2)^3}\,\mathrm{d}x = \dfrac{x}{8}(2x^2-5a^2)\sqrt{x^2-a^2} +$

$\qquad\qquad\qquad \dfrac{3a^4}{8}\ln(x+\sqrt{x^2-a^2})+C$

（6）$\int x\sqrt{x^2-a^2}\,\mathrm{d}x = \dfrac{\sqrt{(x^2-a^2)^3}}{3}+C$

（7）$\int x\sqrt{(x^2-a^2)^3}\,\mathrm{d}x = \dfrac{\sqrt{(x^2-a^2)^5}}{5}+C$

（8）$\int x^2\sqrt{x^2-a^2}\,\mathrm{d}x = \dfrac{x}{8}(2x^2-a^2)\sqrt{x^2-a^2} -$

$\qquad\qquad\qquad \dfrac{a^4}{8}\ln(x+\sqrt{x^2-a^2})+C$

（9）$\int \dfrac{x^2}{\sqrt{x^2-a^2}}\,\mathrm{d}x = \dfrac{x}{2}\sqrt{x^2-a^2} + \dfrac{a^2}{2}\ln(x+\sqrt{x^2-a^2})+C$

（10）$\int \dfrac{x^2\,\mathrm{d}x}{\sqrt{(x^2-a^2)^3}} = -\dfrac{x}{\sqrt{x^2-a^2}} + \ln(x+\sqrt{x^2-a^2})+C$

（11）$\int \dfrac{\mathrm{d}x}{x\sqrt{x^2-a^2}} = \dfrac{1}{a}\arccos\dfrac{a}{x}+C$

（12）$\int \dfrac{\mathrm{d}x}{x^2\sqrt{x^2-a^2}} = \dfrac{\sqrt{x^2-a^2}}{a^2x}+C$

（13）$\int \dfrac{\sqrt{x^2-a^2}}{x}\,\mathrm{d}x = \sqrt{x^2-a^2} - \arccos\dfrac{a}{x}+C$

（14）$\int \dfrac{\sqrt{x^2-a^2}}{x^2}\,\mathrm{d}x = -\dfrac{\sqrt{x^2-a^2}}{x} + \ln(x+\sqrt{x^2-a^2})+C$

7. 含有 $\sqrt{a^2-x^2}$ 的积分

（1）$\int \dfrac{\mathrm{d}x}{\sqrt{a^2-x^2}} = \arcsin\dfrac{x}{a}+C$

（2）$\int \dfrac{\mathrm{d}x}{\sqrt{(a^2-x^2)^3}} = \dfrac{x}{a^2\sqrt{a^2-x^2}}+C$

（3）$\int \dfrac{x\,\mathrm{d}x}{\sqrt{a^2-x^2}} = -\sqrt{a^2-x^2}+C$

（4）$\int \dfrac{x\,\mathrm{d}x}{\sqrt{(a^2-x^2)^3}} = \dfrac{1}{\sqrt{a^2-x^2}}+C$

（5）$\int \dfrac{x^2}{\sqrt{a^2-x^2}}\,\mathrm{d}x = -\dfrac{x}{2}\sqrt{a^2-x^2} + \dfrac{a^2}{2}\arcsin\dfrac{x}{a}+C$

（6）$\int \sqrt{a^2-x^2}\,\mathrm{d}x = \dfrac{x}{2}\sqrt{a^2-x^2} + \dfrac{a^2}{2}\arcsin\dfrac{x}{a}+C$

（7）$\int \sqrt{(a^2-x^2)^3}\,dx = \dfrac{x}{8}(5a^2-2x^2)\sqrt{a^2-x^2} +$
$$\dfrac{3a^4}{8}\arcsin\dfrac{x}{a}+C$$

（8）$\int x\sqrt{a^2-x^2}\,dx = -\dfrac{\sqrt{(a^2-x^2)^3}}{3}+C$

（9）$\int x\sqrt{(a^2-x^2)^3}\,dx = -\dfrac{\sqrt{(a^2-x^2)^5}}{5}+C$

（10）$\int x^2\sqrt{a^2-x^2}\,dx = \dfrac{x}{8}(2x^2-a^2)\sqrt{a^2-x^2} +$
$$\dfrac{a^4}{8}\arcsin\dfrac{x}{a}+C$$

（11）$\int \dfrac{x^2\,dx}{\sqrt{(a^2-x^2)^3}} = \dfrac{x}{\sqrt{a^2-x^2}}-\arcsin\dfrac{x}{a}+C$

（12）$\int \dfrac{dx}{x\sqrt{a^2-x^2}} = \dfrac{1}{a}\ln\left|\dfrac{x}{a+\sqrt{a^2-x^2}}\right|+C$

（13）$\int \dfrac{dx}{x^2\sqrt{a^2-x^2}} = -\dfrac{\sqrt{a^2-x^2}}{a^2x}+C$

（14）$\int \dfrac{\sqrt{a^2-x^2}}{x}\,dx = \sqrt{a^2-x^2}-a\ln\left|\dfrac{a+\sqrt{a^2-x^2}}{x}\right|+C$

（15）$\int \dfrac{\sqrt{a^2-x^2}}{x^2}\,dx = -\dfrac{\sqrt{a^2-x^2}}{x}-\arcsin\dfrac{x}{a}+C$

8. 含有 $a+bx\pm cx^2\,(c>0)$ 的积分

（1）$\int \dfrac{dx}{a+bx-cx^2} = \dfrac{1}{\sqrt{b^2+4ac}}\ln\left|\dfrac{\sqrt{b^2+4ac}+2cx-b}{\sqrt{b^2+4ac}-2cx+b}\right|+C$

（2）$\int \dfrac{dx}{a+bx+cx^2} = \begin{cases} \dfrac{2}{\sqrt{4ac-b^2}}\arctan\dfrac{2cx+b}{\sqrt{4ac-b^2}}+C \\ \quad (b^2<4ac) \\ \dfrac{1}{\sqrt{b^2-4ac}}\ln\left|\dfrac{2cx+b-\sqrt{b^2-4ac}}{2cx+b+\sqrt{b^2-4ac}}\right|+C \\ \quad (b^2>4ac) \end{cases}$

9. 含有 $\sqrt{a+bx\pm cx^2}\,(c>0)$ 的积分

（1）$\displaystyle\int\frac{\mathrm{d}x}{\sqrt{a+bx+cx^2}}=\frac{1}{\sqrt{c}}\ln\left|2cx+b+2\sqrt{c}\sqrt{a+bx+cx^2}\right|+C$

（2）$\displaystyle\int\sqrt{a+bx+cx^2}\,\mathrm{d}x=\frac{2cx+b}{4c}\sqrt{a+bx+cx^2}-$

$$\frac{b^2-4ac}{8\sqrt{c^3}}\ln\Big|2cx+b+$$

$$2\sqrt{c}\sqrt{a+bx+cx^2}\Big|+C$$

（3）$\displaystyle\int\frac{\mathrm{d}x}{\sqrt{a+bx+cx^2}}=\frac{\sqrt{a+bx+cx^2}}{c}-$

$$\frac{b}{2\sqrt{c^3}}\ln\Big|2cx+b+$$

$$2\sqrt{c}\sqrt{a+bx+cx^2}\Big|+C$$

（4）$\displaystyle\int\frac{x\mathrm{d}x}{\sqrt{a+bx-cx^2}}=\frac{1}{\sqrt{c}}\arcsin\frac{2cx-b}{\sqrt{b^2+4ac}}+C$

（5）$\displaystyle\int\sqrt{a+bx-cx^2}\,\mathrm{d}x=\frac{2cx-b}{4c}\sqrt{a+bx-cx^2}+$

$$\frac{b^2+4ac}{8\sqrt{c^3}}\arcsin\frac{2cx-b}{\sqrt{b^2+4ac}}+C$$

（6）$\displaystyle\int\frac{x\mathrm{d}x}{\sqrt{a+bx-cx^2}}=-\frac{\sqrt{a+bx-cx^2}}{c}1+$

$$\frac{b}{2\sqrt{c^3}}\arcsin\frac{2cx-b}{\sqrt{b^2+4ac}}+C$$

10. 含有 $\sqrt{\dfrac{a\pm x}{b\pm x}}$ 的积分和含有 $\sqrt{(x-a)(b-x)}$ 的积分

（1）$\displaystyle\int\sqrt{\frac{a+x}{b+x}}\,\mathrm{d}x=\sqrt{(a+x)(b+x)}+$

$$(a-b)\ln(\sqrt{a+x}+\sqrt{b+x})+C$$

（2）$\displaystyle\int\sqrt{\frac{a-x}{b+x}}\,\mathrm{d}x=\sqrt{(a-x)(b+x)}+(a+b)\arcsin\sqrt{\frac{x+b}{a+b}}+C$

（3）$\displaystyle\int\sqrt{\frac{a+x}{b-x}}\,\mathrm{d}x=-\sqrt{(a+x)(b-x)}-(a+b)\arcsin\sqrt{\frac{b-x}{a+b}}+C$

（4）$\displaystyle\int\frac{\mathrm{d}x}{\sqrt{(x-a)(b-x)}}=2\arcsin\sqrt{\frac{x-a}{b-a}}+C$

11. 含有三角函数的积分

（1）$\int \sin x dx = -\cos x + C$

（2）$\int \cos x dx = -\sin x + C$

（3）$\int \tan x dx = \ln|\sec x| + C$

（4）$\int \cot x dx = -\ln|\csc x| + C$

（5）$\int \sec x dx = \ln|\sec x + \tan x| + C$

（6）$\int \csc x dx = \ln|\csc x - \cot x| + C$

（7）$\int \sec^2 x dx = \tan x + C$

（8）$\int \csc^2 x dx = -\cot x + C$

（9）$\int \sec x \tan x dx = \sec x + C$

（10）$\int \csc x \cot x dx = -\csc x + C$

（11）$\int \sin^2 x dx = \dfrac{1}{2}x - \dfrac{1}{4}\sin 2x + C$

（12）$\int \cos^2 x dx = \dfrac{1}{2}x + \dfrac{1}{4}\sin 2x + C$

（13）$\int \sin^n x dx = -\dfrac{\sin^{n-1} x \cos x}{n} + \dfrac{n-1}{n}\int \sin^{n-2} x dx$

（14）$\int \cos^n x dx = -\dfrac{\cos^{n-1} x \sin x}{n} + \dfrac{n-1}{n}\int \cos^{n-2} x dx$

（15）$\int \dfrac{1}{\sin^n x}dx = -\dfrac{1}{n-1} \cdot \dfrac{\cos x}{\sin^{n-1} x} + \dfrac{n-2}{n-1}\int \dfrac{dx}{\sin^{n-2} x}$

（16）$\int \dfrac{1}{\cos^n x}dx = \dfrac{1}{n-1} \cdot \dfrac{\sin x}{\cos^{n-1} x} + \dfrac{n-2}{n-1}\int \dfrac{dx}{\cos^{n-2} x}$

（17）$\int \cos^m x \sin^n x dx = \dfrac{\cos^{m-1} x \sin^{n+1} x}{m+n} +$
$\dfrac{m-1}{m+n}\int \cos^{m-2} x \sin^n x dx$

（18）$\int \sin mx \cos nx dx = -\dfrac{\cos(m+n)x}{2(m+n)} -$
$\dfrac{\cos(m-n)x}{2(m-n)} + C (m \neq n)$

（19）$\displaystyle\int \sin mx \sin nx \mathrm{d}x = -\frac{\sin(m+n)x}{2(m+n)} +$

$\qquad \qquad \dfrac{\sin(m-n)x}{2(m-n)} + C(m \neq n)$

（20）$\displaystyle\int \cos mx \cos nx \mathrm{d}x = \frac{\sin(m+n)x}{2(m+n)} +$

$\qquad \qquad \dfrac{\sin(m-n)x}{2(m-n)} + C(m \neq n)$

（21）$\displaystyle\int \frac{\mathrm{d}x}{a+b\sin x} = \frac{2}{\sqrt{a^2-b^2}} \arctan \frac{a\tan \dfrac{x}{2} + b}{\sqrt{a^2-b^2}} + C \ (a^2 > b^2)$

（22）$\displaystyle\int \frac{\mathrm{d}x}{a+b\cos x} = \frac{2}{\sqrt{a^2-b^2}} \arctan \left(\sqrt{\frac{a-b}{a+b}} \tan \frac{x}{2} \right) +$

$\qquad C \ (a^2 > b^2)$

（23）$\displaystyle\int \frac{\mathrm{d}x}{a^2\cos^2 x + b^2 \sin^2 x} = \frac{1}{ab} \arctan \left(\frac{b\tan x}{a} \right) + C$

（24）$\displaystyle\int \frac{\mathrm{d}x}{a^2\cos^2 x - b^2 \sin^2 x} = \frac{1}{2ab} \ln \left| \frac{b\tan x + a}{b\tan x - a} \right| + C$

（25）$\displaystyle\int x\sin ax \mathrm{d}x = \frac{1}{a^2}\sin ax - \frac{1}{a} x\cos ax + C$

（26）$\displaystyle\int x^2 \sin ax \mathrm{d}x = -\frac{1}{a} x^2 \cos ax + \frac{2}{a^2} x\sin ax +$

$\qquad \qquad \dfrac{2}{a^3} \cos ax + C$

（27）$\displaystyle\int x\cos ax \mathrm{d}x = \frac{1}{a^2}\cos ax + \frac{1}{a} x\sin ax + C$

（28）$\displaystyle\int x^2 \cos ax \mathrm{d}x = \frac{1}{a} x^2 \sin ax + \frac{2}{a^2} x\cos ax - \frac{2}{a^3} \sin ax + C$

12. 含有反三角函数的积分

（1）$\displaystyle\int \arcsin \frac{x}{a} \mathrm{d}x = x\arcsin \frac{x}{a} + \sqrt{a^2-x^2} + C$

（2）$\displaystyle\int x\arcsin \frac{x}{a} \mathrm{d}x = \left(\frac{x^2}{2} - \frac{a^2}{4} \right) \arcsin \frac{x}{a} + \frac{x}{4}\sqrt{a^2-x^2} + C$

（3）$\displaystyle\int x^2 \arcsin \frac{x}{a} \mathrm{d}x = \frac{x^2}{3} \arcsin \frac{x}{a} +$

$\qquad \qquad \dfrac{1}{9}(x^2 + 2a^2)\sqrt{a^2-x^2} + C$

（4） $\int \arccos \dfrac{x}{a} \mathrm{d}x = x\arccos\dfrac{x}{a} - \sqrt{a^2-x^2} + C$

（5） $\int x\arccos\dfrac{x}{a}\mathrm{d}x = \left(\dfrac{x^2}{2}-\dfrac{a^2}{4}\right)\arccos\dfrac{x}{a} - \dfrac{x}{4}\sqrt{a^2-x^2} + C$

（6） $\int x^2\arccos\dfrac{x}{a}\mathrm{d}x = \dfrac{x^2}{3}\arccos\dfrac{x}{a} -$
$$\dfrac{1}{9}(x^2+2a^2)\sqrt{a^2-x^2} + C$$

（7） $\int \arctan\dfrac{x}{a}\mathrm{d}x = x\arctan\dfrac{x}{a} - \dfrac{a}{2}\ln(a^2+x^2) + C$

（8） $\int x\arctan\dfrac{x}{a}\mathrm{d}x = \dfrac{1}{2}(x^2+a^2)\arctan\dfrac{x}{a} - \dfrac{ax}{2} + C$

（9） $\int x^2\arctan\dfrac{x}{a}\mathrm{d}x = \dfrac{x^2}{3}\arctan\dfrac{x}{a} - \dfrac{ax^2}{6} + \dfrac{a^2}{6}\ln(a^2+x^2) + C$

13. 含有指数函数的积分

（1） $\int a^x\mathrm{d}x = \dfrac{a^x}{\ln a} + C$

（2） $\int \mathrm{e}^{ax}\mathrm{d}x = \dfrac{\mathrm{e}^{ax}}{a} + C$

（3） $\int \mathrm{e}^{ax}\sin bx\mathrm{d}x = \dfrac{\mathrm{e}^{ax}(a\sin bx - b\cos bx)}{a^2+b^2} + C$

（4） $\int \mathrm{e}^{ax}\cos bx\mathrm{d}x = \dfrac{\mathrm{e}^{ax}(b\sin bx + a\cos bx)}{a^2+b^2} + C$

（5） $\int x\mathrm{e}^{ax}\mathrm{d}x = \dfrac{\mathrm{e}^{ax}}{a^2}(ax-1) + C$

（6） $\int x^n\mathrm{e}^{ax}\mathrm{d}x = \dfrac{x^n\mathrm{e}^{ax}}{a} - \dfrac{n}{a}\int x^{n-1}\mathrm{e}^{ax}\mathrm{d}x$

（7） $\int xa^{mx}\mathrm{d}x = \dfrac{xa^{mx}}{m\ln a} - \dfrac{a^{mx}}{(m\ln a)^2} + C$

（8） $\int x^n a^{mx}\mathrm{d}x = \dfrac{x^n a^{mx}}{m\ln a} - \dfrac{n}{m\ln a}\int x^{n-1}a^{mx}\mathrm{d}x$

（9） $\int \mathrm{e}^{ax}\sin^n bx\mathrm{d}x = \dfrac{\mathrm{e}^{ax}\sin^{n-1}bx}{a^2+b^2n^2}(a\sin bx - nb\cos bx) +$
$$\dfrac{n(n-1)}{a^2+b^2n^2}b^2\int \mathrm{e}^{ax}\sin^{n-2}bx\mathrm{d}x$$

（10） $\int \mathrm{e}^{ax}\cos^n bx\mathrm{d}x = \dfrac{\mathrm{e}^{ax}\cos^{n-1}bx}{a^2+b^2n^2}(a\cos bx + nb\sin bx) +$
$$\dfrac{n(n-1)}{a^2+b^2n^2}b^2\int \mathrm{e}^{ax}\cos^{n-2}bx\mathrm{d}x$$

14. 含有对数函数的积分

（1）$\int \ln x \mathrm{d}x = x \ln x - x + C$

（2）$\int \dfrac{\mathrm{d}x}{x \ln x} = \ln(\ln x) + C$

（3）$\int x^n \ln x \mathrm{d}x = x^{n+1} \left[\dfrac{\ln x}{n+1} - \dfrac{1}{(n+1)^2} \right] + C$

（4）$\int \ln^n x \mathrm{d}x = x \ln^n x - n \int \ln^{n-1} x \mathrm{d}x + C$

（5）$\int x^m \ln^n x \mathrm{d}x = \dfrac{x^{m+1}}{m+1} \ln^n x - \dfrac{n}{m+1} \int x^m \ln^{n-1} x \mathrm{d}x$

有些函数的积分可以直接查积分表就可得到，有些则需要稍作变换再查表计算.

例 6 查表求不定积分 $\int \dfrac{\mathrm{d}x}{x^2(2+3x)}$.

解 被积函数含有 $a+bx$，其中 $a=2, b=3$，由含有 $a+bx$ 的积分中的公式（6）得

$$\int \frac{\mathrm{d}x}{x^2(2+3x)} = -\frac{1}{2x} + \frac{3}{4} \ln \left| \frac{3+4x}{x} \right| + C$$

例 7 查表求不定积分 $\int \dfrac{x \mathrm{d}x}{\sqrt{4+5x}}$.

解 被积函数含有 $\sqrt{a+bx}$，其中 $a=4, b=5$，由含有 $\sqrt{a+bx}$ 的积分中的公式（4）得

$$\int \frac{x \mathrm{d}x}{\sqrt{4+5x}} = -\frac{2(2 \times 4 - 5x)}{3 \times 5^2} \sqrt{4+5x} + C$$

$$= -\frac{2(8-5x)}{75} \sqrt{4+5x} + C$$

例 8 查表求不定积分 $\int \dfrac{\mathrm{d}x}{x\sqrt{9-x^2}}$.

解 被积函数含有 $\sqrt{a^2-x^2}$，其中 $a=3$，由含有 $\sqrt{a^2-x^2}$ 的积分中的公式（12）得

$$\int \frac{\mathrm{d}x}{x\sqrt{9-x^2}} = \frac{1}{3} \ln \left| \frac{x}{3+\sqrt{9-x^2}} \right| + C$$

例 9 查表求不定积分 $\int \dfrac{\mathrm{d}x}{3+2\sin x}$.

解 被积函数含有三角函数，其中 $a=3, b=2$，由含有三角函数的积分中的公式（21）得

$$\int \frac{\mathrm{d}x}{3+2\sin x} = \frac{2}{\sqrt{3^2-2^2}} \arctan \frac{3\tan\frac{x}{2}+2}{\sqrt{3^2-2^2}} + C$$

$$= \frac{2}{\sqrt{5}} \arctan \frac{3\tan\frac{x}{2}+2}{\sqrt{5}} + C$$

例 10 查表求不定积分 $\int x^2 \ln x \mathrm{d}x$.

解 被积函数含有对数函数，其中 $n = 2$ ，由含有对数函数的积分中的公式（3）得

$$\int x^2 \ln x \mathrm{d}x = x^{2+1}\left[\frac{\ln x}{2+1} - \frac{1}{(2+1)^2}\right] + C = x^3\left[\frac{\ln x}{3} - \frac{1}{9}\right] + C$$

课堂练习 8.2.4

1. 查积分表判断下列结论是否正确.

（1）$\int \sqrt{\frac{2+x}{1+x}}\mathrm{d}x = \sqrt{(2+x)(1+x)} + \ln(\sqrt{2+x}+\sqrt{1+x}) + C$;

（2）$\int \frac{\sqrt{4-x^2}}{x^2}\mathrm{d}x = -\frac{\sqrt{4-x^2}}{x} - \arcsin\frac{x}{2} + C$.

2. 查积分表填空.

（1）$\int x^2 \sin x \mathrm{d}x = \underline{\qquad\qquad}$;

（2）$\int \left(\frac{1}{\sqrt{4-x^2}} + \sin^2 x\right)\mathrm{d}x = \underline{\qquad\qquad}$.

习题 8.2

1. 求下列函数的不定积分.

（1）$\int (4x^3 + 3x^2 - 2x + 1)\mathrm{d}x$;

（2）$\int (\sin x - 2\cos x + 3\mathrm{e}^x)\mathrm{d}x$;

（3）$\int \frac{(x+\sqrt{x})^2}{\sqrt[3]{x}}\mathrm{d}x$;

（4）$\int \frac{2x^2+1}{x^4+x^2}\mathrm{d}x$;

（5）$\int \dfrac{3x^2+2}{x^2+1}dx$；

（6）$\int \dfrac{x-9}{\sqrt{x}+3}dx$；

（7）$\int \left(\dfrac{1}{x}+\dfrac{1}{x^2}-2^x+\sec^2 x\right)dx$；

（8）$\int 5^x e^x dx$.

2. 已知某函数的导数为 $x+3$，又知当 $x=1$ 时，该函数的值等于 $\dfrac{1}{2}$，求此函数.

3. 一物体做直线运动，其速度为 $v=2t^2+5t$，当 $t=2$ s 时，该物体经过的路程 $s=13$ m，试求物体的运动方程.

4. 一物体做直线运动，其加速度为 $a=2t+3$，当 $t=2$ s 时，该物体经过的速度和路程分别 $v=14$ m/s，$s=56\dfrac{2}{3}$ m，试求：

（1）物体的速度方程，并求当 $t=4$ s 时，物体的运动速度.

（2）物体的运动方程，并求当 $t=4$ s 时，物体经过的距离.

5. 查表求下列不定积分.

（1）$\int \dfrac{xdx}{5+4x}$；　　　（2）$\int \dfrac{xdx}{\sqrt{5+4x}}$；

（3）$\int \dfrac{xdx}{2+4x^2}$；　　　（4）$\int \sqrt{9-x^2}dx$；

（5）$\int \dfrac{x^2dx}{\sqrt{x^2-4}}$；　　　（6）$\int \dfrac{dx}{\sqrt{3+4x-5x^2}}$；

（7）$\int \sin^2 xdx$；　　　（8）$\int x\arccos\dfrac{x}{a}dx$；

（9）$\int e^{2x}\sin 3xdx$；　　　（10）$\int \dfrac{1}{x\ln x}dx$.

8.3 定积分的概念

本节将通过两个实例引进定积分的概念,然后介绍定积分的性质、计算公式及在几何中的简单应用.

8.3.1 两个实例

1. 曲边梯形的面积

在平面直角坐标系中,由连续曲线 $y = f(x)$ 与 3 条直线 $x = a$, $x = b$ 和 x 轴所围成的图形(见图 8.2)称为曲边梯形.

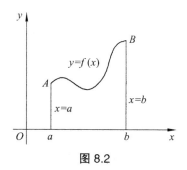

图 8.2

求由连续曲线 $y = f(x)$ 与直线 $x = a$, $x = b$ 及 x 轴所围成曲边梯形的面积,可分下列 4 个步骤来计算,如图 8.3 所示.

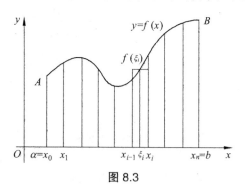

图 8.3

(1)分割. 将曲边梯形分割成 n 个小曲边梯形,任取分点:

$$a = x_0 < x_1 < x_2 < \cdots < x_{i-1} < x_i < \cdots < x_{n-1} < x_n = b$$

把区间 $[a, b]$ 分成 n 个小区间:

$$[x_0, x_1], [x_1, x_2], \cdots, [x_{i-1}, x_i], \cdots, [x_{n-1}, x_n]$$

每个小区间的长度依次为

$$\Delta x_1 = x_1 - x_0, \Delta x_2 = x_2 - x_1, \cdots, \Delta x_i = x_i - x_{i-1}, \cdots, \Delta x_n = x_n - x_{n-1}$$

过每一个分点作平行于 y 轴的直线段，把曲边梯形分成 n 个小曲边梯形，并设它们的面积分别为

$$\Delta A_1, \Delta A_2, \cdots, \Delta A_i, \cdots, \Delta A_n$$

则曲边梯形的面积为

$$A = \sum_{i=1}^{n} \Delta A_i$$

（2）近似代替. 在每个小区间 $[x_{i-1}, x_i]$ $(i = 1, 2, \cdots, n)$ 上，任取一点 ξ_i，以 $f(\xi_i)$ 为高，以 Δx_i 为底作一个小矩形，这个小矩形的面积为 $f(\xi_i)\Delta x_i$，用它来近似代替第 i 个小曲边梯形的面积 ΔA_i，即 $\Delta A_i \approx f(\xi_i)\Delta x_i$ $(i = 1, 2, \cdots, n)$.

（3）求和. 因为每个小曲边梯形的面积都可以用相应的小矩形的面积来近似代替，所以 n 个小矩形的面积之和就是所求曲边梯形的面积 S 的近似值，即

$$A = \sum_{i=1}^{n} f(\xi_i)\Delta x_i$$

（4）取极限. 当每个小区间的长度越来越小时，和式 $A = \sum_{i=1}^{n} f(\xi_i)\Delta x_i$ 与所求的曲边梯形的面积 S 就越接近，当最大的小区间的长度无限趋近于零时，即 $\|\Delta x\| \to 0$（$\|\Delta x\|$ 表示最小区间的长度），和式 $A = \sum_{i=1}^{n} f(\xi_i)\Delta x_i$ 就无限趋近于曲边梯形的面积 S，则 A 的极限值就是曲边梯形的面积 S，即

$$S = \lim_{\|\Delta x\| \to 0} \sum_{i=1}^{n} f(\xi_i)\Delta x_i$$

2. 变速直线运动的路程

设一物体沿直线运动，已知速度 $v = v(t)$ 是时间间隔 $[a, b]$ 上的一个连续函数，且 $v(t) \geqslant 0$，用上述方法也可求出物体在这段时间间隔内所经过的路程：

$$A = \lim_{\|\Delta x\| \to 0} \sum_{i=1}^{n} v(t_i)\Delta t_i$$

课堂练习 **8.3.1**

设一物体做自由落体运动，已知速度 $v = gt$，g 是重力加速度，用和式的极限写出物体在时间间隔 $[a, b]$ 内所经过的路程.

8.3.2 定积分的定义

上面分析了两个实例：求曲边梯形的面积和变速直线运动的路程，它们都是按四步（分割、近似、求和、取极限）将所求的量规结为求一个和式的极限，如面积 $A = \lim\limits_{\|\Delta x\| \to 0} \sum\limits_{i=1}^{n} f(\xi_i)\Delta x_i$，路程 $S = \lim\limits_{\|\Delta x\| \to 0} \sum\limits_{i=1}^{n} v(t_i)\Delta t_i$，抽去这些问题的具体意义，只把它们在数量关系上共同的本质与特性加以概括，就可以得出下述定积分的定义.

定义 设函数 $y = f(x)$ 在区间 $[a, b]$ 上连续，用分点：

$$a = x_0 < x_1 < x_2 < \cdots < x_{i-1} < x_i < \cdots < x_{n-1} < x_n = b$$

把区间 $[a, b]$ 分成 n 个小区间：

$$[x_{i-1}, x_i] \quad (i=1, 2, \cdots, n)$$

其长度为

$$\Delta x_i = x_i - x_{i-1} \quad (i=1, 2, \cdots, n)$$

在每个小区间 $[x_{i-1}, x_i]$ 上，任取一点 ξ_i $(x_{i-1} \leqslant \xi_i \leqslant x_i)$，作乘积 $f(\xi_i)\Delta x_i$ 的和式：

$$\sum_{i=1}^{n} f(\xi_i)\Delta x_i$$

如果当最大的小区间的长度 $\|\Delta x\|$ 无限趋近于零时，即 $\|\Delta x\| \to 0$，和式 $\sum\limits_{i=1}^{n} f(\xi_i)\Delta x_i$ 的极限存在（此极限与 $[a, b]$ 的分法和 ξ_i 的取法无关），则称函数 $y = f(x)$ 在区间 $[a, b]$ 上可积，并把此极限值叫作函数 $y = f(x)$ 在区间 $[a, b]$ 上的**定积分**，记作 $\int_a^b f(x)\mathrm{d}x$，即

$$\int_a^b f(x)\mathrm{d}x = \lim_{\|\Delta x\| \to 0} \sum_{i=1}^n f(\xi_i)\Delta x_i$$

其中，"$\int$"叫作积分号，$f(x)$叫作被积函数，x叫作积分变量，$f(x)\mathrm{d}x$叫作被积表达式，a叫作积分下限，b叫作积分上限，区间$[a, b]$叫作积分区间.

根据定积分意义，前面两个实例中的面积和路程就可用定积分的形式写出来，曲边梯形的面积A等于函数$y = f(x)(f(x) \geqslant 0)$在区间$[a, b]$上的定积分，即

$$A = \int_a^b f(x)\mathrm{d}x$$

做变速直线运动的物体所经过的路程S等于其速度函数$v = v(t)$在时间间隔$[a, b]$上的定积分，即

$$S = \int_a^b v(t)\mathrm{d}t$$

课堂练习 **8.3.2**

设一物体做自由落体运动，已知速度$v = gt$，g是重力加速度，用定积分的形式写出物体在时间间隔$[a, b]$内所经过的路程.

8.3.3　定积分的几何意义

（1）若函数在区间$[a, b]$上连续且$f(x) \geqslant 0$，则定积分$\int_a^b f(x)\mathrm{d}x$表示由曲线$y = f(x)$与直线$x = a, x = b$及x轴所围成的曲边梯形的面积如图8.4所示.

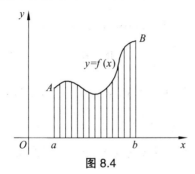

图 8.4

（2）若函数在区间 $[a, b]$ 上连续且 $f(x) \leqslant 0$ ，则定积分 $\int_a^b f(x)\mathrm{d}x$ 表示由曲线 $y = f(x)$ 与直线 $x = a, x = b$ 及 x 轴所围成的曲边梯形的面积的负值，如图 8.5 所示.

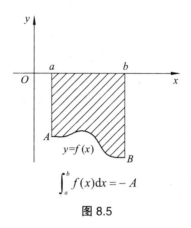

$$\int_a^b f(x)\mathrm{d}x = -A$$

图 8.5

（3）若函数在区间 $[a, b]$ 上连续，且在 x 轴上方和下方都有图形围成的面积，则定积分 $\int_a^b f(x)\mathrm{d}x$ 表示由曲线 $y = f(x)$ 与直线 $x = a, x = b$ 及 x 轴所围成的曲边梯形的面积的代数和，在 x 轴上方，取面积的正值，在 x 轴下方，取面积的负值，如图 8.6 所示.

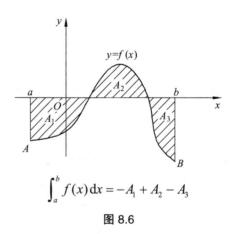

$$\int_a^b f(x)\mathrm{d}x = -A_1 + A_2 - A_3$$

图 8.6

总之，定积分 $\int_a^b f(x)\mathrm{d}x$ 在各种实际问题中所代表的实际意义不同，但它的值在几何图形上都可用曲边梯形的面积的代数和来表示，这就是定积分的几何意义.

课堂练习 **8.3.3**

设一物体做自由落体运动，已知速度 $v = gt$，g 是重力加速度，用定积分表示该物体在时间间隔 $[1, 4]$ 内所经过的路程，并说明该定积分的几何意义，用其几何意义算出该定积分的值.

习题 8.3

1. 用定积分表示下列图形的面积.

（1）由曲线 $y = x^2$ 与直线 $x = -2$，$x = 0$ 及 x 轴所围成的平面图形.

（2）由曲线 $y = \cos x$ 与直线 $x = 0$，$x = \pi$ 及 x 轴所围成的平面图形.

（3）在 $[a, b]$ 上，若 $f(x) \leqslant g(x) \leqslant 0$，则由曲线 $y = f(x)$，$y = g(x)$ 及直线 $x = a, x = b$ 所围成的平面图形.

2. 利用定积分的几何意义说明下列等式.

（1）$\int_{-\pi}^{\pi} \sin x \mathrm{d}x = 0$

（2）$\int_{-2}^{2} x^2 \mathrm{d}x = 2\int_{-2}^{0} x^2 \mathrm{d}x$

（3）$\int_{0}^{R} \sqrt{R^2 - x^2}\, \mathrm{d}x = \dfrac{\pi R^2}{4}$

3. 物体以速度 $v = 2t + 3$ 做直线运动，用定积分表示该物体在时间区间 $[0, 2]$ 内所经过的路程，并说明该定积分的几何意义，用其几何意义算出该定积分的值.

4. 用定积分表示由曲线 $y = x^3$ 与直线 $x = -1, x = 2$ 及 x 轴所围成的曲边梯形的面积 A.

5. 简述定积分的定义.

8.4 定积分的计算公式及其性质

8.4.1 定积分的计算公式

按定积分的定义计算定积分是很困难的，下面我们通过实例来寻求计算定积分的简便方法. 在讨论之前，我们先对定积分作两个补充规定：

（1）当 $b=a$ 时，$\int_a^b f(x)\mathrm{d}x = 0$；

（2）当 $b<a$ 时，$\int_a^b f(x)\mathrm{d}x = -\int_b^a f(x)\mathrm{d}x$.

设一物体做直线运动，其速度为 $v=v(t)$，则由 $t=a$ 到 $t=b$ 这一段时间内物体所走过的路程 AB 就等于物体的速度 $v=v(t)$ 在时间区间 $[a, b]$ 上的定积分，即

$$AB = \int_a^b v(t)\mathrm{d}x$$

另一方面，假定已经知道路程 s 和时间 t 的函数关系为 $s=s(t)$，那么，从 $t=a$ 到 $t=b$，物体所经过的路程 AB 为

$$AB = s(b) - s(a)$$

由以上两式得

$$\int_a^b v(t)\mathrm{d}t = s(b) - s(a)$$

根据导数的物理意义知道 $s'(t) = v(t)$，即路程函数 $s(t)$ 是速度函数 $v(t)$ 一个原函数，于是计算定积分 $\int_a^b v(t)\mathrm{d}t$ 就转化为求 $v(t)$ 的原函数 $s(t)$ 在积分上下限 b、a 处的改变量 $s(b)-s(a)$.

定理 若函数在区间 $[a, b]$ 上连续，$F(x)$ 是 $f(x)$ 的一个原函数，则

$$\int_a^b f(x)\mathrm{d}xx = F(b) - F(a) \tag{8.1}$$

式（8.1）称为**牛顿-莱布尼茨（Newton-Leibniz）公式**. 为了使用方便，常把它写成下面的形式：

$$\int_a^b f(x)dx = F(x)\Big|_a^b = F(b) - F(a) \qquad (8.2)$$

式（8.2）说明，计算定积分 $\int_a^b f(x)dx$ ，只需先求出 $f(x)$ 的一个原函数 $F(x)$ ，而 $F(x)$ 在积分上下限 b 、a 处的函数值之差 $F(b) - F(a)$ 就是所求的定积分.

注意：设 C 为任意常数，因为 $[F(x)+C]_a^b = [F(b)+C] - [F(a)+C] = F(b) - F(a)$ ，所以在求定积分时，只需写 $f(x)$ 的一个原函数 $F(x)$ ，不需再加积分常数 C .

例 1 计算 $\int_1^2 x^2 dx$.

解 由于 $\int x^2 dx = \frac{1}{3}x^3 + C$

则 $\int_1^2 x^2 dx = \left[\frac{1}{3}x^3\right]_1^2 = \frac{1}{3} \times 2^2 - \frac{1}{3} \times 1^2 = 1$

例 2 计算 $\int_a^b dx$.

解 由于 $\int dx = x + C$

则 $\int_a^b dx = [x]_a^b = b - a$

例 3 计算 $\int_{-1}^1 \frac{1}{1+x^2} dx$.

解 由于 $\int \frac{1}{1+x^2} dx = \arctan x + C$

则 $\int_{-1}^1 \frac{1}{1+x^2} dx = [\arctan x]_{-1}^1 = \arctan 1 - \arctan(-1) = \frac{\pi}{4} - \left(-\frac{\pi}{4}\right) = \frac{\pi}{2}$

例 4 计算 $\int_2^4 \frac{1}{x^2} dx$.

解 由于 $\int \frac{1}{x^2} dx = -\frac{1}{x} + C$

则 $\int_2^4 \frac{1}{x^2} dx = \left[-\frac{1}{x}\right]_2^4 = -\frac{1}{4} - \left(-\frac{1}{3}\right) = \frac{1}{12}$

例 5 计算 $\int_0^\pi x\sin x dx$.

解 查简易积分表得

$$\int x\sin x dx = \sin x - x\cos x + C$$

则 $\int_0^\pi x\sin x\mathrm{d}x=\left[\sin x-x\cos x\right]_0^\pi=\left[0-(-\pi\cos\pi)\right]-0=-\pi$

例6 计算 $\int_0^\pi x\mathrm{e}^{2x}\mathrm{d}x$.

解 查简易积分表得

$$\int x\mathrm{e}^{2x}\mathrm{d}x=\frac{\mathrm{e}^{2x}}{4}(2x-1)+C$$

则 $\int_0^\pi x\mathrm{e}^{2x}\mathrm{d}x=\left[\frac{\mathrm{e}^{2x}}{4}(2x-1)\right]_0^3=\frac{\mathrm{e}^{2\times3}}{4}(2\times3-1)-\frac{\mathrm{e}^{2\times0}}{4}(2\times0-1)=\frac{5\mathrm{e}^6+1}{4}$

例7 计算 $\int_0^2 x^2\sqrt{x^2+4}\mathrm{d}x$.

解 查简易积分表得

$$\int x^2\sqrt{x^2+a^2}\mathrm{d}x=\frac{x}{8}(2x^2+a^2)\sqrt{x^2+a^2}-\frac{a^4}{8}\ln(x+\sqrt{x^2+a^2})+C$$

则 $\int_0^2 x^2\sqrt{x^2+4}\mathrm{d}x=\left[\frac{x}{8}(2x^2+2^2)\sqrt{x^2+2^2}-\frac{2^4}{8}\ln(x+\sqrt{x^2+2^2})\right]_0^2$

$$=6\sqrt{2}-2\ln(2+2\sqrt{2})+2\ln2$$

$$=6\sqrt{2}+2\ln(\sqrt{2}-1)$$

课堂练习 8.4.1

用牛顿-莱布尼茨（Newton-Leibniz）公式计算下列定积分.

（1）$\int_1^3\mathrm{d}x$; （2）$\int_3^4 x\mathrm{d}x$; （3）$\int_0^1\sqrt{x}\mathrm{d}x$.

8.4.2 定积分的性质

假定下列性质中的定积分存在.

性质1 被积函数的常数因子可提到积分号的前面，即

$\int_a^b Kf(x)\mathrm{d}x=K\int_a^b f(x)\mathrm{d}x$.

性质2 两个函数的代数和的定积分等于这两个函数定积分的代数和，即 $\int_a^b\left[f(x)\pm g(x)\right]\mathrm{d}x=\int_a^b f(x)\mathrm{d}x\pm\int_a^b g(x)\mathrm{d}x$.

性质3(定积分的可加性) 如果积分区间 $[a, b]$ 被点 c 分成两个小区间 $[a, c]$ 与 $[c, b]$,则有 $\int_a^b f(x)\mathrm{d}x = \int_a^c f(x)\mathrm{d}x + \int_c^b f(x)\mathrm{d}x$.

例 8 查积分表计算 $\int_0^{\frac{\pi}{2}} (2x^2 + 3x\cos x)\mathrm{d}x$.

解
$$\int_0^{\frac{\pi}{2}} (2x^2 + 3x\cos x)\mathrm{d}x = 2\int_0^{\frac{\pi}{2}} x^2\mathrm{d}x + 3\int_0^{\frac{\pi}{2}} x\cos x\mathrm{d}x$$
$$= 2\left[\frac{1}{3}x^3\right]_0^{\frac{\pi}{2}} + 3\left[\cos x + x\sin x\right]_0^{\frac{\pi}{2}}$$
$$= \frac{\pi^3}{12} + \frac{3\pi}{2} - 3$$

例 9 查积分表计算 $\int_0^1 (x\mathrm{e}^x - x\arctan x)\mathrm{d}x$.

解
$$\int_0^1 (x\mathrm{e}^x - x\arctan x)\mathrm{d}x$$
$$= \int_0^1 x\mathrm{e}^x\mathrm{d}x - \int_0^1 x\arctan x\mathrm{d}x$$
$$= \left[\mathrm{e}^x(x-1)\right]_0^1 + \left[\frac{1}{2}(x^2+1)\arctan x - \frac{x}{2}\right]_0^1$$
$$= 1 + \frac{\pi}{4} - \frac{1}{2} = \frac{\pi}{4} + \frac{1}{2}$$

课堂练习 8.4.2

计算定积分: $\int_0^2 |x-1|\mathrm{d}x$.

习题 8.4

1. 计算下列不等式.

（1） $\int_{-\frac{\pi}{2}}^{\frac{\pi}{2}} (\sin x + 2)\mathrm{d}x$;

（2） $\int_0^\pi x^2\mathrm{d}x$;

（3） $\int_1^2 (x^2 - 3x)\mathrm{d}x$;

（4） $\int_1^3 (x^3 - 2x + 1)\mathrm{d}x$;

（5）$\int_1^4 \left(\dfrac{1}{\sqrt{x}} + \sqrt{x} \right) dx$;　　　（6）$\int_{\frac{1}{2}}^{\frac{\sqrt{3}}{2}} \dfrac{1}{\sqrt{1-x^2}} dx$;

（7）$\int_{-1}^1 \dfrac{1}{x^2} dx$;　　　（8）$\int_1^4 \dfrac{x^2+2}{x^2+1} dx$.

2. 查积分表计算下列定积分.

（1）$\int_2^3 \sqrt{x}(2+\sqrt{x}) dx$;　　　（2）$\int_0^1 \dfrac{4x^4+4x^2+1}{x^2+1} dx$;

（3）$\int_0^2 x^4 e^x dx$;　　　（4）$\int_0^\pi x \sin 2x dx$;

（5）$\int_1^e x^4 \ln x dx$;　　　（6）$\int_2^e \dfrac{1}{x^2 \ln x} dx$.

8.5　定积分的应用

8.5.1　定积分的几何应用

（1）由连续曲线 $y = f(x)$ [$f(x) \geqslant 0$]与直线 $x = a$, $x = b$ 及 x 轴所围成的曲边梯形的面积 $A = \int_a^b f(x)\mathrm{d}x$，如图 8.4 所示.

（2）由连续曲线 $y = f(x)$ [$f(x) \leqslant 0$]与直线 $x = a$, $x = b$ 及 x 轴所围成的曲边梯形的面积 $A = -\int_a^b f(x)\mathrm{d}x$，如图 8.5 所示.

（3）由连续曲线 $y = f(x)$，$y = g(x)$ [$f(x) \geqslant g(x)$]及直线 $x = a$, $x = b$ $(a < b)$ 所围成的曲边梯形的面积 $A = \int_a^b f(x)\mathrm{d}x -$ $\int_a^b g(x)\mathrm{d}x$，如图 8.7 所示.

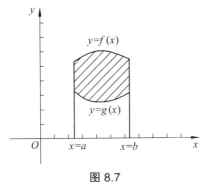

图 8.7

例 1　求由抛物线 $y = x^2$ 与直线 $x = 0, x = 2$ 及 x 轴所围成的曲边梯形（见图 8.8）的面积 A.

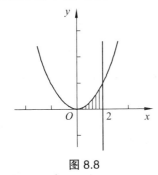

图 8.8

解　根据定积分的几何意义，可得曲边梯形的面积：

$$A = \int_0^2 x^2 \mathrm{d}x = \left[\frac{1}{3}x^3\right]_0^2 = \frac{8}{3}$$

例 2　求由正弦曲线 $y = \sin x$ 与直线 $x = 0$，$x = \pi$ 及 x 轴所围成的曲边梯形（见图 8.9）的面积 A．

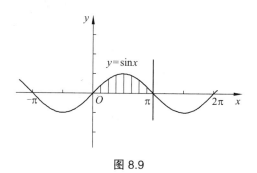

图 8.9

解　根据定积分的几何意义，可得曲边梯形的面积：

$$A = \int_0^\pi \sin x \mathrm{d}x = \left[-\cos x\right]_0^\pi = 2$$

例 3　求由抛物线 $y = 4 - x^2$ 与 x 轴所围成的图形（见图 8.10）的面积 A．

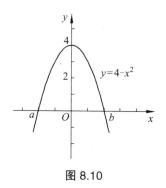

图 8.10

解　解方程组 $\begin{cases} y = 0 \\ y = 4 - x^2 \end{cases}$ 得

$$\begin{cases} x_1 = -2 \\ y_1 = 0 \end{cases}; \quad \begin{cases} x_2 = 2 \\ y_2 = 0 \end{cases}$$

即抛物线与 x 轴的交点为 $A(-2, 0)$、$B(2, 0)$，确定积分区间为 $[-2, 2]$，根据定积分的几何意义，可得曲边梯形的面积：

$$A = \int_{-2}^{2}(4-x^2)\mathrm{d}x = \left[4x - \frac{1}{3}x^3\right]_{-2}^{2} = \frac{32}{3}$$

例 4 求由两条抛物线 $y = x^2$ 和 $y^2 = x$ 所围成的图形（见图 8.11）的面积 A.

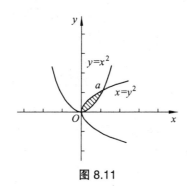

图 8.11

解 解方程组 $\begin{cases} y = x^2 \\ y^2 = x \end{cases}$ 得

$$\begin{cases} x_1 = 0 \\ y_1 = 0 \end{cases} ; \quad \begin{cases} x_2 = 1 \\ y_2 = 1 \end{cases}$$

即两条抛物线的交点为 $O(0, 0)$ 和 $a(1, 1)$，确定积分区间为 $[0, 1]$，根据定积分的几何意义，可得曲边梯形的面积：

$$A = \int_{0}^{1}(\sqrt{x} - x^2)\mathrm{d}x = \left[\frac{2}{3}x^{\frac{3}{2}} - \frac{1}{3}x^3\right]_{0}^{1} = \frac{1}{3}$$

定积分求平面图形的步骤如下：

（1）求曲线交点并画草图；

（2）确定求哪块面积，进行"**面积组合**"（即由定积分表示的曲边梯形来划分这块面积，哪些该加，哪些该减，注意"**曲边梯形**"一定是以 x 轴为一边，两条竖直线为另两边）；

（3）以 x 的范围确定积分上下限，用定积分表示这块面积；

（4）计算定积分的值，得到所求图形的面积.

课堂练习 8.5.1

求由抛物线 $y = x^2$ 和直线 $y = x$ 所围成的图形的面积.

8.5.2 定积分的物理应用

1. 变速直线运动的路程

做变速直线运动的物体所经过的路程等于其速度函数 $v = v(t)$ 在时间间隔 $[a, b]$ 上的定积分：

$$S = \int_a^b v(t)\mathrm{d}t$$

例 5 一物体以速度 $v = 4t^2 + 3t$ (m/s) 做变速直线运动，计算在 $t = 1$ s 到 $t = 4$ s 这段时间内的平均速度.

解 已知 $v = v(t) = 4t^2 + 3t$，于是在 $t = 1$ s 到 $t = 4$ s 这段时间内物体所经过的路程为

$$S = \int_1^4 v(t)\mathrm{d}t = \int_1^4 (4t^2 + 3t)\mathrm{d}t = \left[\frac{4}{3}t^3 + \frac{3}{2}t^2\right]_1^4 = \frac{639}{6} \ (\text{m})$$

其平均速度为

$$\bar{v} = \frac{213}{6} \quad \text{m/s}$$

2. 变力做功

由定积分的定义可得变力 $F = f(x)$ 使物体沿力的方向由 x_1 移动到 x_2 所做的功为 W，则变力所做的功为

$$W = \int_{x_1}^{x_2} f(x)\mathrm{d}x$$

例 6 已知把弹簧拉长 0.02 m 要 9.8 N 的力，求把弹簧拉长 0.10 m 所做的功.

解 在弹性限度内，拉长（或压缩）弹簧所需的力与伸长（或压缩）量成正比，即当拉弹簧拉长 x 时，需用力 $F = f(x) = kx$，其中 k 为比例系数. 将题设条件 $x = 0.02$ m 时，$F = 9.8$ N，代入上式得 $k = 4.9 \times 10^2$，则

$$F = f(x) = 4.9 \times 10^2 x$$

积分区间为 $[0.02, 0.10]$，于是变力所做的功为

$$W = \int_0^{0.10} 4.9 \times 10^2 x\mathrm{d}x = 4.9 \times 10^2 \left[\frac{x^2}{2}\right]_0^{0.10} = 2.45 \ (\text{J})$$

课堂练习 **8.5.2**

设把金属杆的长度从 a 拉到 $a+x$ 时, 所需的力等于 $\dfrac{k}{a}x$, 其中 k 为常数. 试求将金属杆的长度从 a 拉到 b 时所做的功.

习题 8.5

1. 计算由下列曲线所围成的平面图形的面积.

（1）$y = 4 - x^2, y = 0$;

（2）$y = \cos x, x = -\dfrac{\pi}{4}, x = \dfrac{\pi}{4}, y = 0$;

（3）$y = x^2, y = x$;

（4）$y = \mathrm{e}^x, x = 2, x = 4, y = 0$;

（5）$y = x^2, y = 2x + 3$;

（6）$y = x^2, y = -x^2 + 8$.

2. 已知弹簧原长 0.30 m, 每压缩 0.01 m 需用 2 N 的力, 求把弹簧从 0.25 m 压缩到 0.20 m 时所做的功.

3. 现有一弹簧, 在弹性限度内已知每拉长 1 cm 需用 18 N 的力. 试求将此弹簧由平衡位置拉长 6 cm 时, 为克服弹簧弹力所做的功.

4. 设一物体沿直线运动, 其速度 $v = \sqrt{1+t}$ (m/s). 试求物体在运动开始后 10 s 内所经过的路程.

主要知识点小结

本章主要内容为：原函数、不定积分的概念、不定积分的性质和计算、简易积分表、定积分的概念、定积分的性质和计算、定积分的应用等.

1. 不定积分

（1）原函数的概念：设 $f(x)$ 是定义在区间 I 上的一个函数，如果存在函数 $F(x)$，在区间任一点 x 处都有 $F'(x)=f(x)$，则称 $F(x)$ 为 $f(x)$ 的一个原函数.

（2）不定积分的定义：如果函数 $F(x)$ 是 $f(x)$ 的一个原函数，则称 $f(x)$ 的全部原函数 $F(x)+C$（其中 C 是任意常数）称为 $f(x)$ 的不定积分，记为 $\int f(x)\mathrm{d}x$，即 $\int f(x)\mathrm{d}x=F(x)+C$.

（3）不定积分的性质.

① $[\int f(x)\mathrm{d}x]'=f(x)$；

② $\int F'(x)\mathrm{d}x=F(x)+C$；

③ $\int [f(x)\pm g(x)]\mathrm{d}x=\int f(x)\mathrm{d}x\pm\int g(x)\mathrm{d}x$；

④ $\int kf(x)\mathrm{d}x=k\int f(x)\mathrm{d}x$.

（4）不定积分的几何意义.

（5）不定积分的计算：主要是利用不定积分的性质和简易积分表进行计算.

2. 定积分

（1）定积分的定义.

（2）定积分的几何意义.

① 若函数在区间 $[a,b]$ 上连续且 $f(x)\geqslant 0$，则定积分 $\int_a^b f(x)\mathrm{d}x$ 表示由曲线 $y=f(x)$ 与直线 $x=a$, $x=b$ 及 x 轴所围成的曲边梯形的面积 A.

② 若函数在区间 $[a,b]$ 上连续且 $f(x)\leqslant 0$，则定积分 $\int_a^b f(x)\mathrm{d}x$ 表示由曲线 $y=f(x)$ 与直线 $x=a$, $x=b$ 及 x 轴所围成的曲边梯形的面积的负值.

（3）定积分的性质.

① $\int_a^b Kf(x)\mathrm{d}x = K\int_a^b f(x)\mathrm{d}x$;

② $\int_a^b \left[f(x)\pm g(x)\right]\mathrm{d}x = \int_a^b f(x)\mathrm{d}x \pm \int_a^b g(x)\mathrm{d}x$;

③ $\int_a^b f(x)\mathrm{d}x = \int_a^c f(x)\mathrm{d}x + \int_c^b f(x)\mathrm{d}x$.

（4）定积分的基本积分公式.

若函数 $f(x)$ 在区间 $[a, b]$ 上连续，$F(x)$ 是 $f(x)$ 的一个原函数，则 $\int_a^b f(x)\mathrm{d}x = F(b) - F(a)$.

（5）定积分的计算：主要是应用定积分的基本积分公式和查积分表的方法进行计算.

（6）定积分的应用.

① 计算平面图形的面积；

② 计算变速直线运动的路程；

③ 计算变力做功.

测试题 8

1. 用求导数的方法验证下列等式.

（1）$\int x^5 dx = \dfrac{1}{6}x^6 + C$；

（2）$\int \dfrac{1}{x^2} dx = -\dfrac{1}{x} + C$；

（3）$\int \ln x dx = x \ln x - x + C$；

（4）$\int \dfrac{x}{\sqrt{x^2-1}} dx = \sqrt{x^2-1} + C$.

2. 求下列函数的不定积分.

（1）$\int (x^3 + 3x^2 + 1) dx$；

（2）$\int (\sec^2 x - 2\sin x + \mathrm{e}^x) dx$；

（3）$\int \dfrac{(2x + \sqrt[4]{x})^2}{\sqrt[3]{x}} dx$；

（4）$\int \left(\dfrac{1}{x^2} - 3 \cdot 2^x + \sec^2 x \right) dx$.

3. 一物体做直线运动，其速度为 $v = t^2 + 5t$，当 $t = 1\,\mathrm{s}$ 时，该物体经过的路程为 $s = 6\dfrac{5}{6}\,\mathrm{m}$，试求物体的运动方程.

4. 先查表求出不定积分，然后根据牛顿-莱布尼茨（Newton-Leibniz）公式计算下列定积分.

（1）$\int_1^4 \dfrac{1}{2+3x} dx$；

（2）$\int_0^1 x^3 \mathrm{e}^x dx$.

5. 计算由下列曲线所围成的平面图形的面积.

（1）$y = 16 - x^2$，$y = 0$；

（2）$y = x^2$，$y = 2x$.

6. 已知弹簧原长 0.40 m，每压缩 0.02 m 需用 4 N 的力，求把弹簧从 0.35 m 压缩到 0.20 m 时所做的功.

参考文献

[1]　罗星海，刘艳. 实用——应用数学[M]. 武汉：华中科技大学出版社，2008.

[2]　曲祖源. 材料工程研究与测试方法[M]. 武汉：武汉理工大学出版社，2005.

[3]　汤代焱，等. 运筹学[M]. 2 版. 长沙：中南大学出版社，2008.

[4]　全志强. 铁路测量[M]. 北京：中国铁道出版社，2008.